知らないではすまされない
自衛隊の本当の実力

池上 彰

SB新書
423

はじめに――自衛隊のこと、軍事のこと、武器のことを全く知らない人のために

北朝鮮の脅威が連日のようにニュースになります。その前は、尖閣諸島周辺に出没する中国の漁船や公船がニュースになりました。

もし尖閣諸島に中国軍が上陸したら、アメリカ軍は日本を守ってくれるのか。こんな疑問を持つ人もいました。

ところが、「アメリカ軍は日本を守ってくれるのか」という疑問の前提には大きな誤解があります。それは、尖閣諸島に中国軍が上陸したら、すぐにアメリカ軍が出動してくれるという誤解です。そんなことはありません。アメリカ軍が直ちに出動するわけではないのです。

尖閣諸島は日本の領土ですから、もし他国の侵略があれば、真っ先に対応するのは日本の自衛隊なのです。まず自衛隊が出動する。自衛隊だけで対応できれば、アメリ

カ軍が出ていく必要はないのです。自衛隊だけでは手が負えない。このときアメリカ軍が自衛隊の支援に出動します。ここを勘違いしてはいけません。

だからこそ、私たちは自衛隊の実相を知る必要があるのです。

もし北朝鮮から日本にミサイルが飛んで来たら、自衛隊はどのような行動を取るのか。私たちは、これも知っておかなくてはならないでしょう。自衛隊は、私たちの税金で維持されている組織だからです。

日本を、そして日本国民を守るという大事な仕事には、いくらかかっているのか。無駄な支出はないだろうか。逆に足りない装備はないのだろうか。こうしたチェックが必要です。

ところが、こうした事柄は、なかなか議論になりませんでした。自衛隊が新規に導入を考える戦闘機などは国会で議論になりますが、いざ戦闘になったときに、どれだけの期間を持ちこたえることができるのか等々はなかなか議論されないのです。

そんな状況を自虐的に表現した自衛隊員の川柳があります。

「たまに撃つ　たまがないのが　たまに瑕《きず》」

たまに実戦訓練で実弾を撃つが、予算が限られているので大量には撃てないのが

「玉に瑕」というわけです。
自衛隊という組織は、誕生して以来、長らく〝日陰の存在〟でした。自衛隊は憲法9条に違反するのではないかという議論が続いてきたからです。
それだけではありません。自衛隊がどんな存在なのかを端的に示した吉田茂元首相の言葉があります。それは、吉田茂の私邸を訪ねた防衛大学校第一期生の卒業アルバムの編集者に対して1957年に語ったとされるものです。次のような言葉です。

君達は自衛隊在職中、決して国民から感謝されたり、歓迎されることなく自衛隊を終わるかもしれない。きっと非難とか叱咤《しった》ばかりの一生かもしれない。御苦労だと思う。しかし、自衛隊が国民から歓迎されちやほやされる事態とは、外国から攻撃されて国家存亡の時とか、災害派遣の時とか、国民が困窮し国家が混乱に直面している時だけなのだ。言葉を換えれば、君達が日陰者である時のほうが、国民や日本は幸せなのだ。どうか、耐えてもらいたい。

このところ自衛隊が注目されるようになったのは、まさに「災害派遣の時」でした。

東日本大震災で未曽有《みぞう》の被害が出たとき、自衛隊員の活動ぶりには頭が下がりました。あの姿を見て、自衛隊への入隊希望者が増えたといいます。

また、このところの北朝鮮の脅威でも自衛隊の実力が議論になります。国民にとっては「不幸」なのかも知れません。

しかし、武器を持った組織集団のことを看過しておいていいわけはありません。さらには、その組織をきちんと統率できる大臣がいるのか、その資質も見ておかなくてはなりません。

2018年は、憲法論議の中でも自衛隊のあり方が問われることでしょう。議論するためには、まず知らなければなりません。自衛隊のこと、軍事のこと、武器のことを全く知らない人のために、この本は編集されました。議論のお役に立てれば幸いです。

2018年1月

ジャーナリスト　池上　彰

『知らないではすまされない自衛隊の本当の実力』◉もくじ

はじめに　自衛隊のこと、軍事のこと、武器のことを全く知らない人のために　3

序　章　あなたは、自衛隊のことをどれだけ知っていますか？

「防衛大臣とはどうあるべきか？」。大臣の在り方が問われる　16
今こそ知っておきたい「日本を守る自衛隊」の実力　16

第1章　知らないでは済まされない国防の要　自衛隊の基礎知識

日本最強の巨大組織、自衛隊　20

1 海上自衛隊　23

海上自衛隊の5大基地とは？　23
横須賀――日本の海上防衛の最重要基地　24
呉――最大の係留能力を持つ　26
海上自衛隊には3つの使命がある　32
警戒監視や情報収集にあたる哨戒機P－3C　34
どうやって空から海の監視を行うのか？　38
抜群の潜水艦探知能力を持つ　42
東日本大震災では、海岸に押し寄せる津波を撮影　46
漁船か海賊か、見分けるポイントは何か？　48
金曜日は「海軍カレー」で曜日感覚を養う　51
ベールに包まれた海自の最強部隊、特別警備隊の実力とは？　53

2 航空自衛隊 56

戦闘機部隊が配置された7大基地の一つ、小松基地 56
自衛隊が民間航空機の運航も管制 58
災害救助に活躍し、空中給油もできるUH－60Jヘリ 60
空の精鋭、飛行教導群のマークはコブラ 66
24時間365日、F－15戦闘機が領空侵犯に備える 69
戦闘機パイロットが身に着ける装備の秘密 72
スクランブルはどのように行われるのか？ 77
何をしてくるかわからない相手と対峙する緊張感 83
最新鋭戦闘機F－35Aの画期的な能力 85

3 陸上自衛隊 90

首都東京を守るのは東部方面隊の第1師団 90
16式機動戦闘車の配備で南西地域の防衛を強化 92

名前の頭に付いている数字は何？　94

4　自衛隊は有事にどう動くのか　98

『シン・ゴジラ』でわかる自衛隊の指揮命令系統　98
政治の決定に従う「文民統制」という仕組み　101
「専守防衛」の意味を理解しておこう　102

第2章　自衛隊は憲法と矛盾する存在なのか

憲法9条で日本は軍隊を持つことができない　108
自衛隊誕生のきっかけとなった朝鮮戦争　110
GHQが「ナショナル・ポリス・リザーブをつくれ」と指示　112
国会をパスして政令で警察予備隊を創設　115
厳しい思想検査で軍国主義思想を持った人を排除　118
「警察力を補う」は建前にすぎなかった　121

１９５４年、陸・海・空３自衛隊が誕生　124
防衛力増強に隠されたアメリカの思惑とは？　127
自衛隊では「大将、中将、少将」とは呼ばない　129
政府見解に見る自衛隊と軍隊の決定的な違い　131

第３章　激変する世界情勢の中で拡大する自衛隊の役割

湾岸戦争では自衛隊派遣の要請を断った　138
自衛隊初の海外派遣で掃海部隊がペルシャ湾へ　140
国連平和維持活動（ＰＫＯ）への参加を決断　142
最初のＰＫＯ派遣は内戦終了後のカンボジア　144
国連はＰＫＯの役割を拡大し、実力行使を認めた　148
南スーダンで自衛隊は戦闘の危機と隣り合わせだった　150
自衛隊に課せられた新任務、駆けつけ警護　151

第4章　歴代内閣は自衛隊をどうとらえてきたか

自衛権の解釈を百八十度変えた吉田首相　156
変わりゆく歴代内閣の「戦力」の意味　158
安倍総理は憲法9条をどう変えたいのか？　161
憲法と自衛隊について4つ目の解釈を提示　163

第5章　暴走する北朝鮮が日本を狙う？　北朝鮮軍の実力

日本を「千年来の敵」と公言　168
「日本を焦土化する」発言に見え隠れする本音　169
「既に核の小型化に成功している」という見方も　171
「火星14型」ＩＣＢＭはアメリカ本土を狙っている　176
日本が狙われるとき、標的となるのはどこか？　179

万が一の事態に備え、日本政府も広報VTRを制作 181
いきなり日本が攻撃されることはあるのか？ 182

第6章 ミサイル攻撃のXデー　その時日本はどうなる!?
〜北朝鮮vs自衛隊　10分00秒完全シミュレーション

日本への到達時間はわずか10分 186
北朝鮮が弾道ミサイルを発射——日本着弾まで10：00 187
狙われたのは首都・東京か？——日本着弾まで09：00 189
弾道ミサイルは宇宙空間を飛行——日本着弾まで08：00 191
「Jアラート」で国民に避難を呼びかけ——日本着弾まで07：00 193
イージス艦によるミサイル迎撃開始——日本着弾まで06：00 194
「SM－3ブロック1A」が大気圏外に向かう——日本着弾まで05：00 195
宇宙空間で撃ち漏らした場合は？——日本着弾まで03：00 198
最後の砦は航空自衛隊のPAC－3——日本着弾まで01：00 201

迎撃に成功しても地上に被害が出る恐れ 203
一番大事なのは撃たせないようにすること 205
池上彰からのラストメッセージ 206

序章

あなたは、自衛隊のことをどれだけ知っていますか?

◉「防衛大臣とはどうあるべきか?」。大臣の在り方が問われる

2017年8月3日、安倍晋三《あべしんぞう》総理は内閣改造を行い、大臣の顔ぶれが変わりました。中でも注目されたのが、防衛大臣のポストです。というのも、稲田朋美《いなだともみ》元防衛大臣は、南スーダンに派遣された自衛隊の、いわゆる日報問題などの対応をめぐりその資質が問われ、内閣改造を待たずに辞任に追い込まれる事態となったからです。

防衛大臣といえば、「自衛隊を統率し、国防を預かる」という重要な役割があります。防衛大臣とはどうあるべきか。私たちは、改めて考えさせられることになりました。

◉今こそ知っておきたい「日本を守る自衛隊」の実力

今、日本を取り巻く国際情勢は、北朝鮮のミサイル問題など、とても安心できる状態ではありません。そんな今だからこそ、多くの人たちに知っておいてほしいテーマがあります。

それが「日本を守る自衛隊」です。

あなたは自衛隊のことをどれだけ知っているでしょうか。知らないでは済まされない自衛隊について、基礎の基礎から解説します。

日本の国防の要《かなめ》である「自衛隊」。その軍事力（日本では防衛力と言っています）は世界第7位。自衛隊の持つパワーは相当なものです。

本書では、陸・海・空それぞれの自衛隊の装備（武器・兵器）や役割、使命は、どういうものなのか。また、自衛隊の実力を知るため、たとえばスクランブル（緊急発進）がどのように行われるのかについても現地取材しました。

さらに、自衛隊は憲法と矛盾する存在なのか？　その疑問をひもとくために自衛隊誕生の歴史をたどり、そこに見えるアメリカの思惑を解説します。

そんな自衛隊が今、直面しているのが北朝鮮の脅威です。果たして北朝鮮が日本に向けてミサイルを発射する日は来るのか？　日本への到達時間は長くて10分。そのわずか10分の間に、自衛隊はどうミサイルを迎撃して、どう日本を守るのか。

決してあってはならないことですが、私たちは万が一のことを考え、ミサイル攻撃のXデーに備える必要があります。

そのとき日本はどうなるのか。ミサイルが地上に到達するまで約10分しかありません。第6章では、北朝鮮vs自衛隊の10分00秒を完全シミュレーションで解説します。

第1章

知らないでは済まされない国防の要 自衛隊の基礎知識

◉日本最強の巨大組織、自衛隊

「もし日本がどこかの国から攻撃されたら、日米安保条約があるのだからアメリカ軍が守ってくれるはず」

こう思っている人はいませんか。

でも、それは間違いです。最初に出動するのは自衛隊です。日本を守るのは自衛隊であり、その後、アメリカが助けてくれるという構図になっています。

では、自衛隊は一体どうやって日本を守っているのか。それをこれから見ていきます。まず基礎中の基礎を確認しておきましょう。自衛隊はどれだけの人数で日本を守っているのでしょうか。

現在（2017年3月31日時点）の自衛官の人数は、22万4422人。このうち女性自衛官が1万3707人です。

自衛官は特別職の国家公務員です。特別職国家公務員で思い浮かぶのは、内閣総理大臣や国務大臣、国会議員、宮内庁長官、侍従長、裁判官などです。自衛官はこうい

自衛官 現在の人員

特別職国家公務員

22万4422人

女性自衛官 1万3707人

2017年3月31日現在（防衛省 資料より）

った人たちと同じような立場にあるということです。

自衛官になるには、さまざまな学校に通うなどして教育や訓練を受けてそこを卒業しなければなりません。そして、自衛官になった際には、自衛隊法の施行規則によって定められた「服務の宣誓《せんせい》」をすることになっています。

次のページの図は、自衛官になるための誓いの言葉が書かれている宣誓書です。末尾に署名、捺印《なついん》すると正式に自衛官となります。

注目してほしいのは、宣誓書の後半の部分です。

「事《こと》に臨んでは危険を顧《かえり》みず、身をもつて責

服務の宣誓

宣誓書

私は、我が国の平和と独立を守る
自衛隊の使命を自覚し、
日本国憲法 及び法令を遵守し、
一致団結、厳正な規律を保持し、
常に徳操を養い、人格を尊重し、
心身を鍛え、技能を磨き、
政治的活動に関与せず、
強い責任感をもつて専心職務の
遂行に当たり、
事に臨んでは危険を顧みず、
身をもつて責務の完遂に務め、
もつて国民の負託に
こたえることを誓います。

平成　年　月　日　　氏　名　㊞

※各部隊によって形式が違うためイメージとして作成

務の完遂《かんすい》に務め、もつて国民の負託《ふたく》にこたえることを誓います」

とあります。

つまり、我が身の危険を顧みず、国民のために全力を尽くすんだ、ということを宣誓するわけです。

こうした宣誓をして晴れて自衛官となった人たちは、海上自衛隊、航空自衛隊、陸上自衛隊と大きく三つに分かれている中の、どこかの隊に配属されていきます。

1 海上自衛隊

◉海上自衛隊の5大基地とは？

海上自衛隊は、実は海上だけではなく、空、あるいは宇宙空間から飛んでくる弾道ミサイルを撃ち落とすなどの重要な役割も担っています。

国内の50の地区に基地や警備所が設けられ、合計4万2000人以上の自衛官が配置されています。

中でも、5大基地といわれるのが横須賀（神奈川県）、佐世保（長崎県）、呉《くれ》（広島県）、舞鶴《まいづる》（京都府）、大湊《おおみなと》（青森県）です。次ページの図に示した通り、それぞれのエリアをこの5つの基地が分担して、地域の中心として守っています。

5大基地は、戦後になってから新たに決めたというよりも、旧海軍のころから引き

海上自衛隊の５大基地

海上自衛隊

自衛官4万2136人

2017年3月31日現在（防衛省 資料より）

継がれている基地です。

天然の良港、つまり波が穏やかで水深が深い。ということは、大型船が着岸できる。そういう天然の良港に旧海軍が基地をつくり、海上自衛隊がそれを引き継ぎました。それぞれ100年以上、使われている歴史ある基地です。

●横須賀——日本の海上防衛の最重要基地

では、この5大基地はそれぞれどんな特色を持っているのでしょうか。

神奈川県にある横須賀基地には、現在

海上防衛の最重要基地

画像 ©2018 Google

提供：海上自衛隊

（2018年2月時点）、33隻の艦艇が配備されています。護衛艦と呼ばれる、海上自衛隊が運用している船の中でも（自衛のための）ミサイルや魚雷などを備えた比較的大型の艦艇、あるいは潜水艦などが配備されています。

なんといっても首都・東京に一番近いため、司令部としての機能を持ち、日本の海上防衛の最重要基地と位置づけられています。

他にも、特殊任務に就くさまざまな艦艇が配備されています。

たとえば特務艇「はしだて」。

特務艇といっても、あまり聞いたことのない人がほとんどでしょう。国の内外のお客さまを招いて海上で式典を行うときは、この特務艇に乗って式典を観覧していただきます。そこで「海の上の迎賓館《げいひんかん》」という優雅な名前でも呼ばれています。

砕氷艦《さいひょうかん》「しらせ」は南極観測船として有名ですね。この船も横須賀基地が母港です。

●呉──最大の係留能力を持つ

広島県にある呉基地には、現在（2018年2月時点）、44隻の艦艇が配備されていま

係留能力は日本一

画像 ©2018 Google

す。呉基地は5大基地の中でも最大の係留《けいりゅう》能力を持ち、たくさんの船を停泊《ていはく》させることができます。

私はかつてNHKの呉通信部というところに勤務していて、この呉基地もしばしば取材で訪れました。潜水艦なども取材したことがあります。

呉基地といえば、忘れてはいけないのが戦艦大和です。世界最高水準の造船技術を誇る海軍工廠《こうしょう》、旧海軍の造船工場がここにありました。その造船工場で造られたのが戦艦大和です。呉基地は戦艦大和が生まれた場所でもあります。

2017年3月に就役して話題になったのが、ヘリコプター搭載護衛艦「かが」です。建造費は約1200億円。最大の特徴は全長が248メートルあり、海上自衛隊最大の護衛艦だということです。戦艦大和の全長が263メートルですから、それより少し小さい程度です。

全長248メートルという大きさを具体的に知るため、東京都庁の第一本庁舎の高さと比べてみました（写真）。都庁第一本庁舎は高さが243メートルあります。「かが」のほうが5メートル長い。東京都庁が横になって海の上を進んでいるというイメ

海上自衛隊最大の護衛艦

提供：海上自衛隊

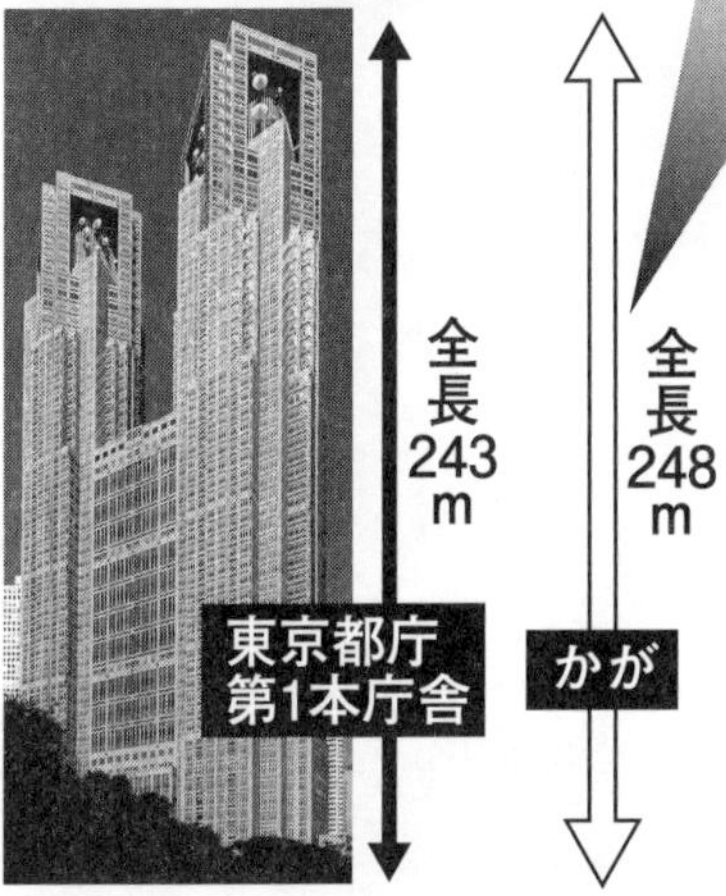

ヘリコプターの発着場 5カ所
14機以上のヘリコプターを搭載可能

建造費 約**1200**億円

護衛艦のタイプ別に名前をつける

提供：海上自衛隊

提供:海上自衛隊

大湊、舞鶴、佐世保基地

ージでとらえることができます。

巨大な甲板にはヘリコプターの発着スポットが5箇所あり、14機以上のヘリコプターが搭載できます。

ところで、この「かが」という名前ですが、それぞれの船によって名前の付け方が決まっています。「かが」「いずも」「ひゅうが」「いせ」の四つの写真を前ページの上に出しておきました。これらはすべてヘリコプター搭載護衛艦です。共通点は何でしょうか。

もうおわかりのように、昔の国の名前です。加賀の国、出雲の国、日向の国、伊勢の国、それぞれにちなんで名付けたというわけです。護衛艦にもいろいろなタイプがあり、タイプ別に名前の付け方も決まっているのです。

この他、気象、河川、山岳の名前が付けられた艦艇もあります。

・気象（さみだれ、いなづま）
・河川（あぶくま、とね）
・山岳（あたご、こんごう）

海上自衛隊の中心となる5大基地の残る三つは、南西地域の防衛拠点、佐世保、日本海側の最前線基地、舞鶴、そして北の守りの拠点、大湊に配置されています。

◉海上自衛隊には3つの使命がある

全国に4万人以上いる海上自衛隊には、ある使命があります。第一に、国際平和協力のための活動。そして何より大切なのが、国土の防衛と海上交通の保護です。

国土の防衛とは、もちろん有事、つまり外国からの侵略などがあったとき、海や空

海上自衛隊の使命

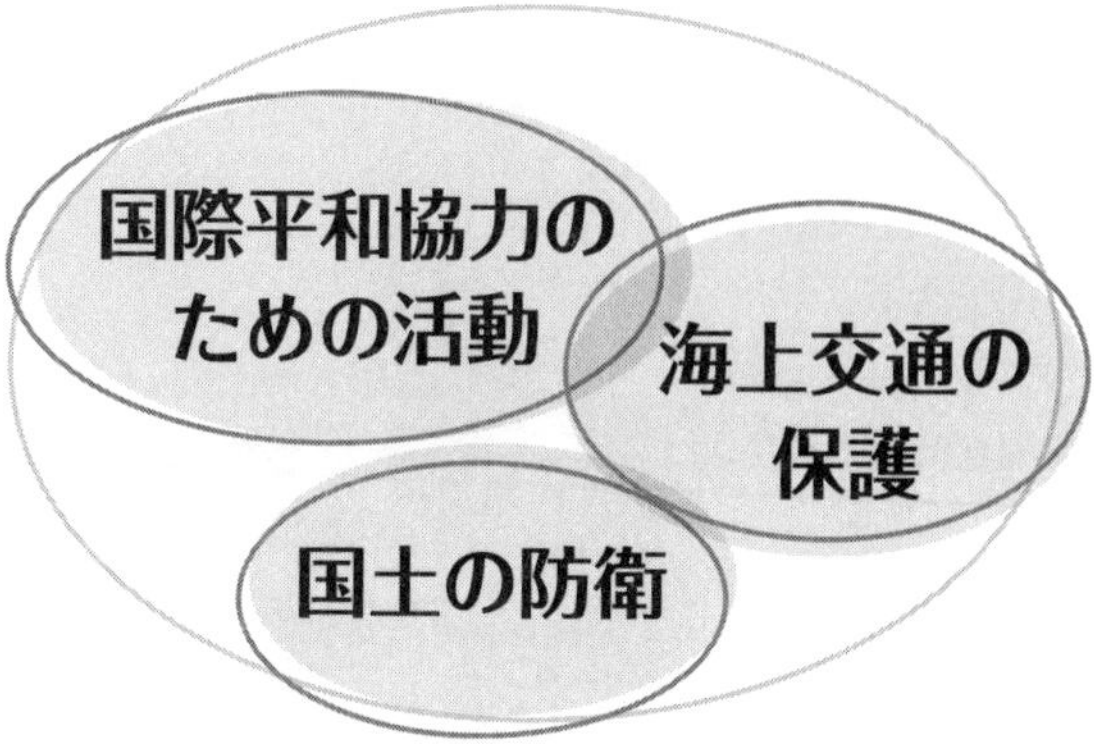

からの脅威に備えることです。また海上交通の保護には、日本経済を支えるという意味があります。日本は海外からの輸入の9割以上を海上輸送に頼っているので、それが止まってしまったら経済は大打撃を受けます。そこで日本に運ばれるさまざまな物資が安全、確実に届くように民間の船を警護するのです。これも海上自衛隊の重要な使命の一つです。

たとえば、2009年から中東・アフリカのソマリア沖で海賊対策を実施することになり、海上自衛隊の船が派遣されました。ソマリア沖は日本から遠く離れたところですが、日本に関係する船だけでも年間16

海上自衛隊がソマリア沖に派遣した艦艇・航空機

提供：海上自衛隊

提供：海上自衛隊

00隻以上が航行するといわれています（海上自衛隊HPによる）。日本にとっても大事な海上交通の保護となるので、これも海上自衛隊の任務ということです。

その際、民間の船などを守るために派遣されたのが、護衛艦と哨戒《しょうかい》機P－3Cです。

◉警戒監視や情報収集にあたる哨戒機P－3C

実は、この哨戒機P－3Cの部隊が優れているといわれています。一体どこが優れているのでしょうか。今回、特別な

P-3Cの運用・維持のための基地

八戸航空基地

画像 ©2018 Google

許可を得てP－3Cの警戒監視訓練を取材することができました。

　P－3Cを配備している基地の一つが、青森県にある海上自衛隊八戸《はちのへ》航空基地です。第2航空群司令部広報室長の清水俊徳2等海尉が応対してくれました。

——今日はよろしくお願いします。

清水　よろしくお願いします。

——素朴な疑問なのですが、海上自衛隊なのに八戸航空基地なんですね。

清水　はい、そうです。P－3Cを運用するために、いろいろな維持整備を行うための基地であります。

優れているといわれる、哨戒機 P-3C

提供：海上自衛隊

――P－3《さん》Cではなくて、本当はP－3《スリー》Cなんですね。

清水　われわれはP－3《スリー》Cと呼称しております。

――民間人のわれわれは、いつもP－3《さん》Cと呼んでおりました。

そのP－3Cを、早速、見せていただくことに。

清水　こちらがP－3Cになります。

――P－3Cも大きいですけど、この格納庫もすごくでかい。

清水　これだけではなく、この他に2～3機入るように設計されています。

――ここに2~3機。（格納庫の外に向かって歩きながら）あっ、ある、ある。他にあと2機。いや、違う、違う。（外にある多数のP－3Cを目にして）壮観ですね。こうやって並んでいるのを見ると。

清水　そうですね。大型機ですので見栄えがすごくいいですし、見晴らしもいいので。

――この八戸航空基地には、P－3Cは何機あるのですか。

清水　そちらのほうは防衛機密になっております。申し訳ございません。

――そうですよね。

そもそも哨戒機とは、どんな飛行機なのでしょうか。哨戒ということが、なかなかわかりにくいかもしれませんが、これは空から潜水艦や外国の軍艦などを警戒監視したり、怪しい船がいないかどうか見たりすることです。つまり哨戒とは、警戒する、パトロールするという意味です。

現場での情報収集も哨戒機の役目です。自然災害が起きたときは、たとえば津波の様子を空から撮影する、あるいは、事故が起きたときに人を救助することもあります。

●どうやって空から海の監視を行うのか？

では、どのようにして空から海の監視を行うのでしょうか。実際にP－3Cで任務を行う自衛官（第2航空隊秋庭一雅3等海佐、同千葉大亮3等海佐）に聞きました。

秋庭　ここにはレーダーが入っておりまして。実は前と後ろに二つ付いております。

——お尻のほうにも。

秋庭　後ろにも付いています。これは二つを組み合わせてタイミングよく作動を合わせることで、皆様のレーダーのイメージ通り、回っているように機内では見えています。

——なるほど。前後に付いているんだ。僕らが知っているピューンと回っているのは、この二つのレーダーの信号を組み合わせたもの。

潜水艦を海の上から探す能力

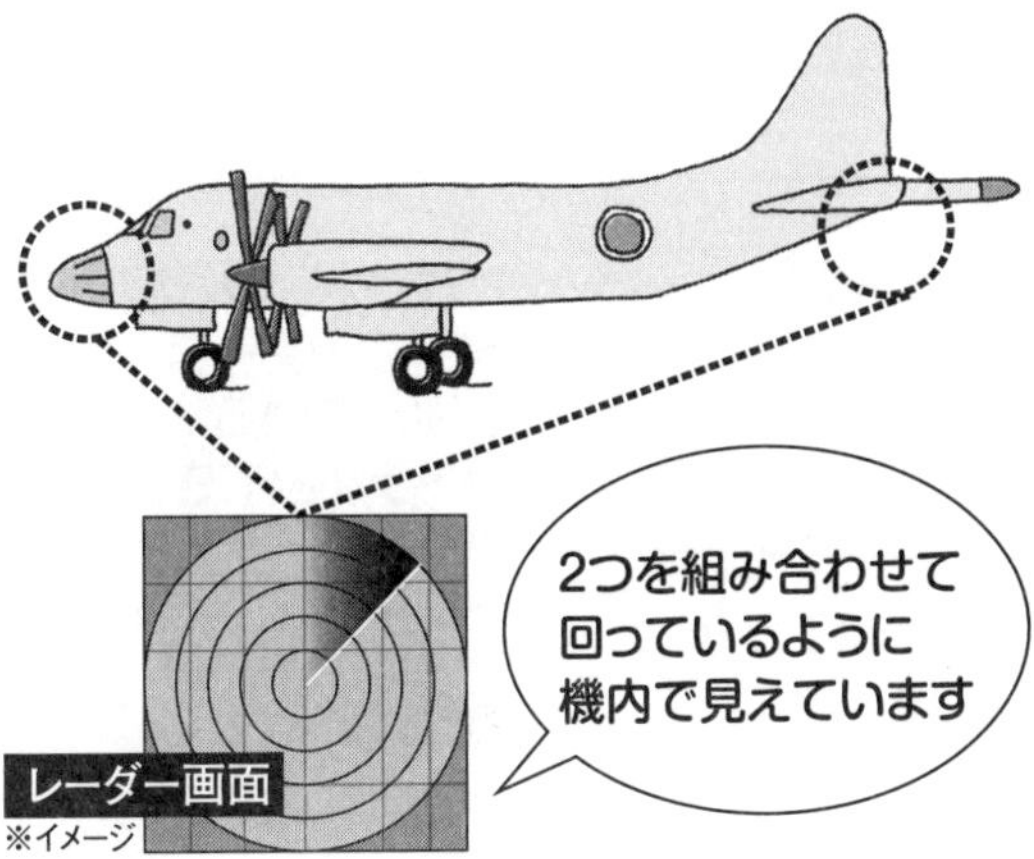
2つを組み合わせて
回っているように
機内で見えています
レーダー画面
※イメージ

秋庭　その通りです。潜水艦のペリスコープを、海の上から探す能力があります。

――潜水艦でぽっと出ている潜望鏡を探知するレーダーですか。

秋庭　これが無いと仕事になりませんので。当然ですけど海の上に浮いている船は、もう当たり前のように探知できます。

　実はもう一つ、ここに隠しているものがあります。ここを見ますと、何かが入っているように（四角に）切れているのですけど……。

――これはたぶん、パカンと開くんじゃないですか。

秋庭　そうです。中から赤外線のアーズ

真っ暗な洋上でも見ることができる

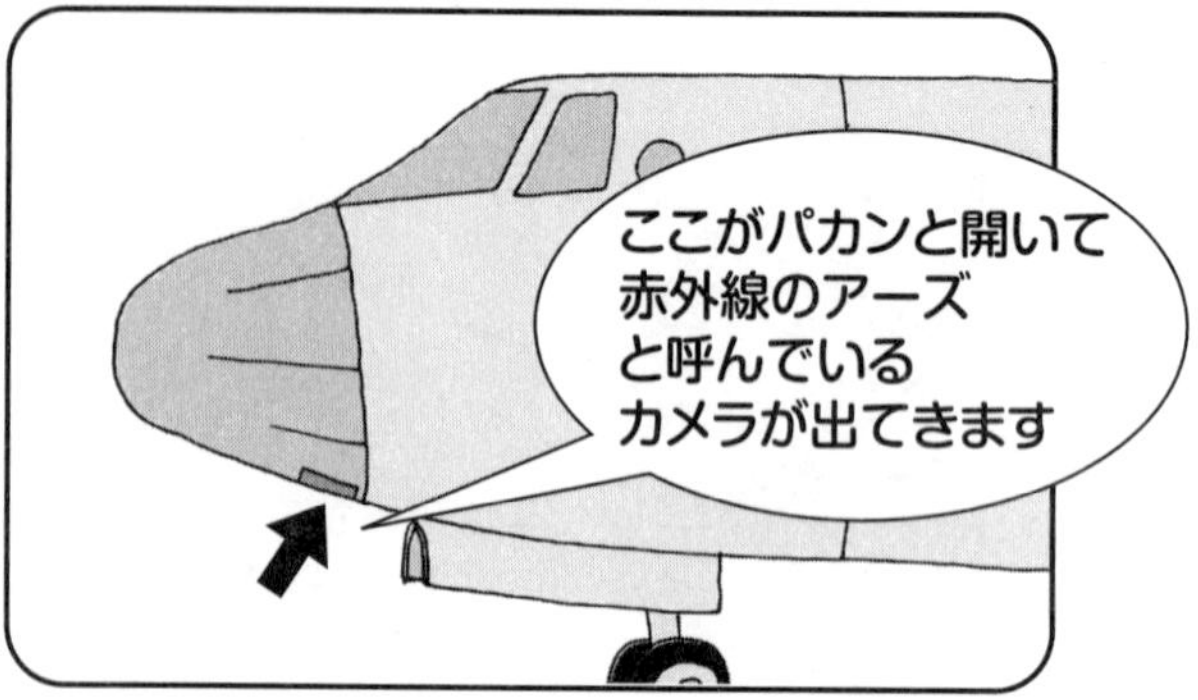
ここがパカンと開いて
赤外線のアーズ
と呼んでいる
カメラが出てきます

と呼んでいるカメラが出てきます。空中で出します。深夜、はるか洋上に行きますと、本当に何も無いくらい真っ暗で、雲があってもそれさえも見えないくらい真っ暗です。

——だから赤外線の暗視カメラになるわけですね。

秋庭　そうですね。

哨戒機P－3Cの機体には、監視するレーダーや暗視カメラ以外にも、ある特殊な装置がありました。

秋庭　こちらに蝶番《ちょうつがい》があります。

——ということは、ガバッと開くということ

「海上警備行動」が発令されれば、爆雷を投下できる

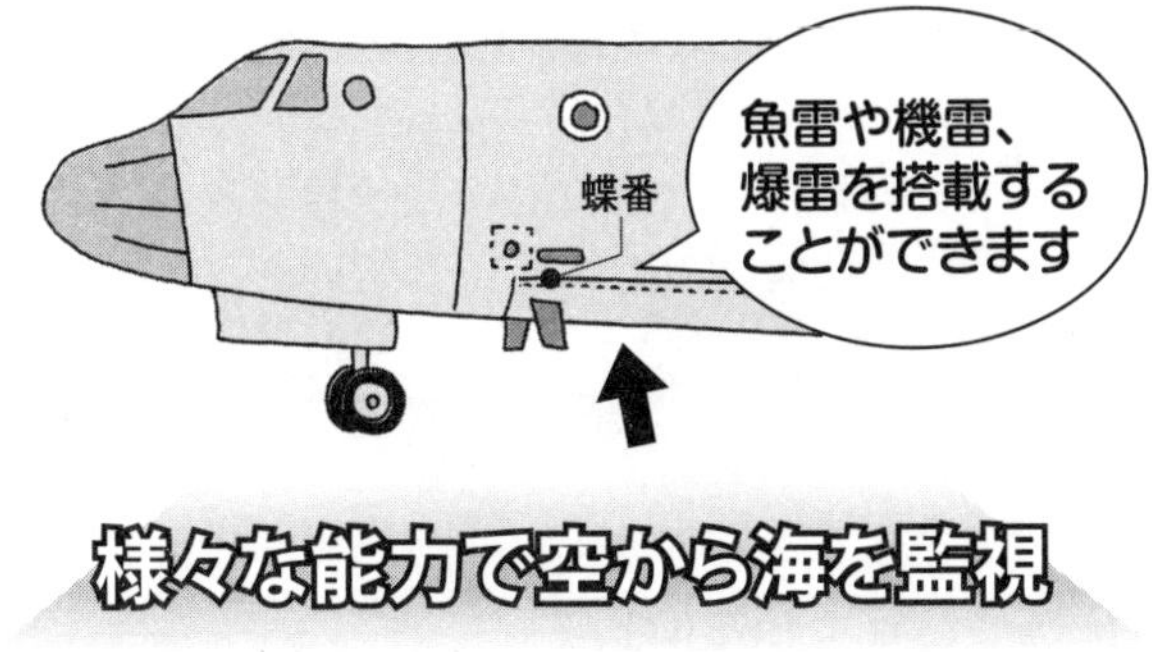

蝶番
魚雷や機雷、爆雷を搭載することができます
様々な能力で空から海を監視

とですね。

秋庭　ここ（胴体前方の下部）はボンベイドアと言いまして、要は爆弾倉《ばくだんそう》です。この中に魚雷や機雷、爆雷を搭載することができます。

——これを使用したことはあるのですか？

秋庭　海上自衛隊初の「海上警備行動」が発令されたときには、ここから不審船に対して前方に、もちろん当てるわけではないですが、逃走阻止のために爆雷を投下しています。

　能登半島沖に不審船が現れる事件が起きたのは1999年3月。そのとき初めて

初めて「海上警備行動」が発令された

実弾の警告　首相即断

不審船への対応を協議する関係閣僚会議にのぞむ小渕恵三首相ら＝24日午前8時40分、首相官邸で

1面から続く

野呂田長官は会議後、記者団に説明した。「相手が反撃すれば、海上警備行動に移るが、おとなしくしていれば自衛隊の出動はない。（他国の）領海に逃げていくことになれば、海上警備行動は発動できないので、[illegible]協力で捕獲について協力して逃げ込まないように行動をとることになる」

海上警備行動を発動するきっかけは午後十一時四十七分、「第1大西丸」がいったん停止したことで生まれた。防衛庁関係者によると、この時、海上保安庁の巡視船はすでに約百㍍離されていた。巡視船とともに、不審船を追いかけていた海上自衛隊の護衛艦「はるな」との距離は、一㌔から一・五㌔。

巡視船がかりにこの距離にいれば、不審船への立ち入り検査に移ることも可能だった。防衛庁幹部らは、停船した不審船の立ち入り

1999年3月23日
能登半島沖不審船事件

1999年3月24日付 朝日新聞 夕刊
レイアウト一部改変

「海上警備行動」が発令され、八戸から飛び立ったＰ－３Ｃが不審船の針路を妨害するために爆弾を投下したというのです。

――哨戒機といえども、要するに前線、フロントラインにいるから、ここで止めなきゃいけない。

秋庭　そうです。その場で守らないといけない。

◉抜群の潜水艦探知能力を持つ

哨戒機Ｐ－３Ｃは1年365日、毎日、空からの監視飛行を行っています。実際

海上で見つけた船舶に接近してカメラで撮影

数秒間で
小さな窓から撮影し
不審船か判断
他の窓は曲面なので
ゆがむ
この窓だけフラットなので
写真が撮りやすい

にどのように監視を行っているのか、2機の編隊飛行で行われた訓練に同行させていただきました。

P−3Cは海上で見つけた船舶に接近してカメラで撮影し、どんな船舶なのかを識別します。

第2航空隊司令の今泉一郎1等海佐が説明してくれました。

今泉　ここしか平面の窓がないので、ここから隊員がカメラを構えて撮影します。

——なるほど、他の窓は曲面なのでゆがむけど、この窓だけがフラットなので写真が撮りやすい。

今泉　ほんの数秒ですね。

――これだけなんですね。

わずか数秒間で小さな窓から撮影し、不審な船かどうかを判断しなくてはならないのです。

次に、P－3Cが持つ最大の特徴を見せていただきました。

今泉　これがソノブイというもので、今はプラスチックのケースに入っていますが、それにキャッド（火薬）をつけて、こちらから射出いたします。

――爆発して飛び出すと。

今泉　そうです。

空を飛びながら海の中を航行する潜水艦を探し出せるのがP－3Cの最大の特徴です。ソノブイといわれるブイをP－3Cから海に向かって投下し、そこから海中に向

空から海の中の潜水艦を探し出す

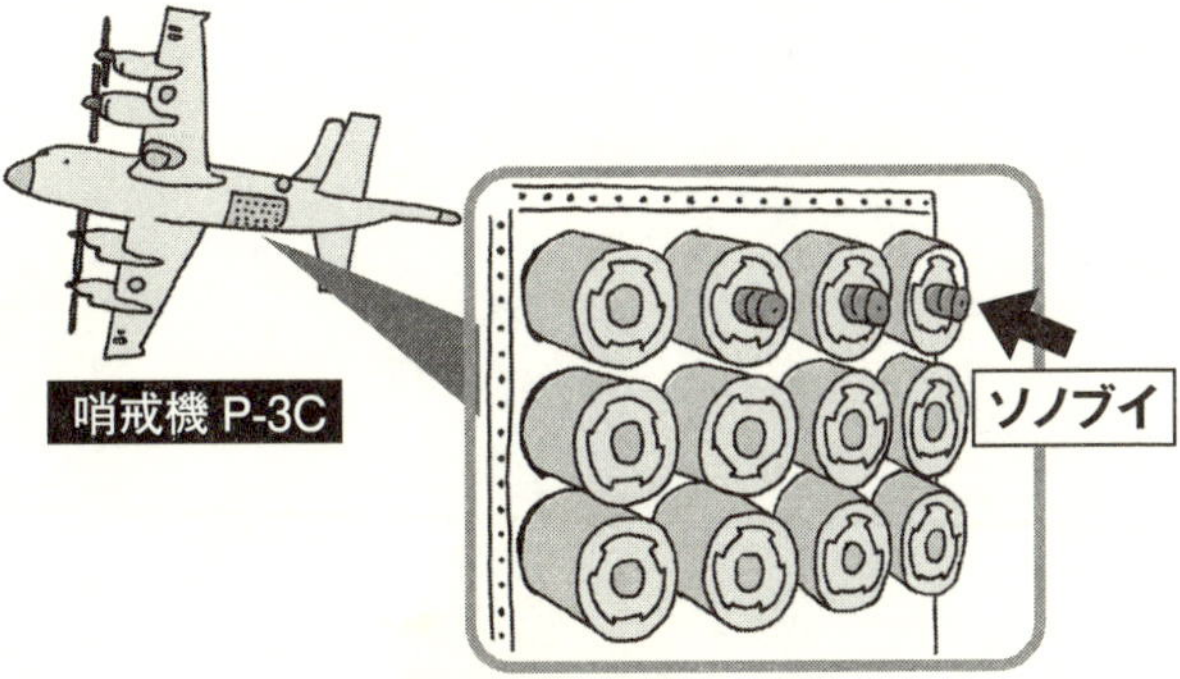

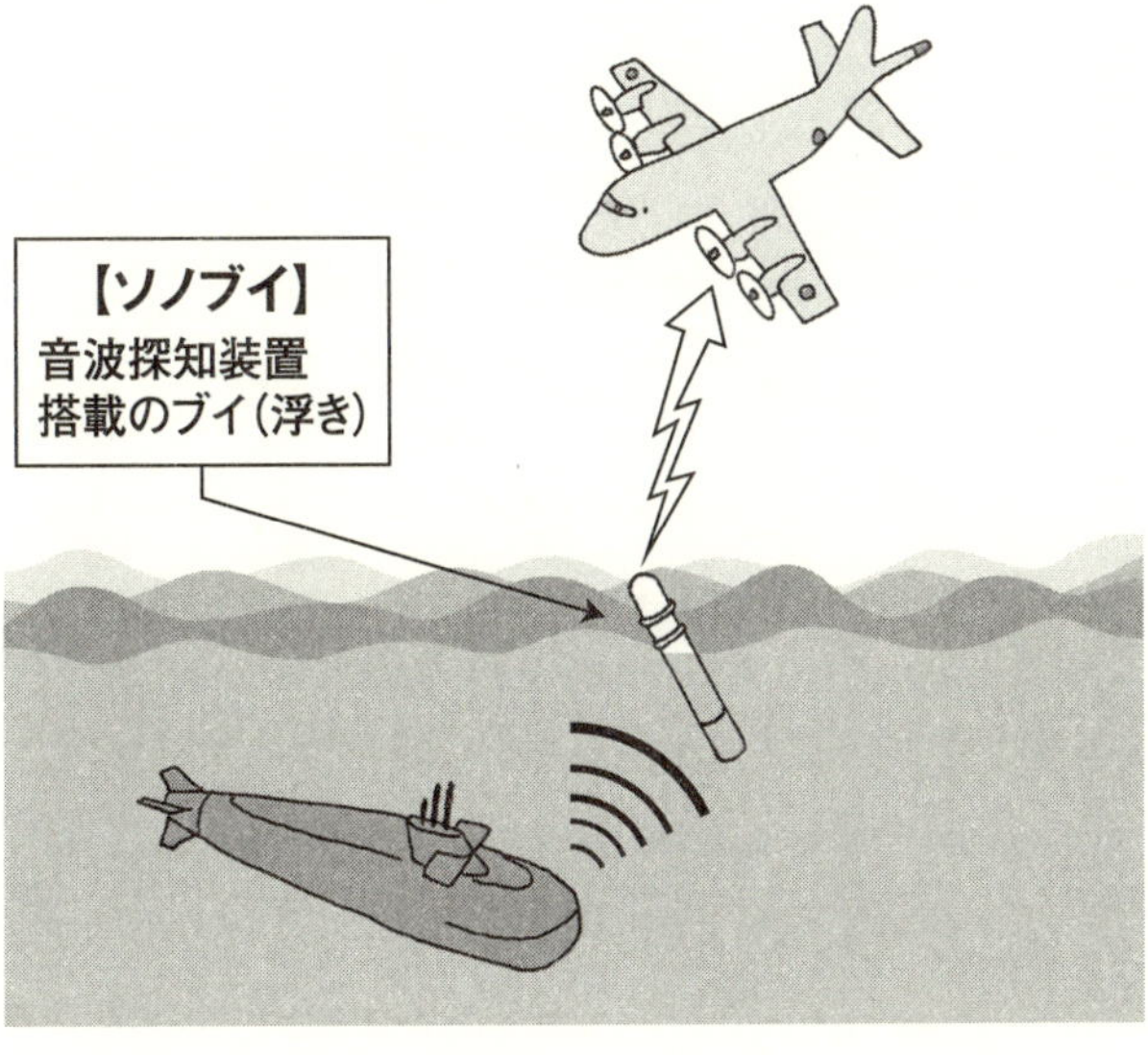

けて出す信号で周辺にいる潜水艦を見つけます。

P－3Cの部隊は潜水艦を探し出す能力が優れており、その能力は世界屈指といわれています。

●東日本大震災では、海岸に押し寄せる津波を撮影

P－3Cにはもう一つ大切な役割があります。それは、災害時にいち早く飛び立って状況を把握し、情報を伝えることです。

東日本大震災のときに、津波が一気に海岸に押し寄せてくる映像が公開されました。あれは現場の上空から海上自衛隊のP－3Cが撮影した映像だったのです。

今回、まさにそのときP－3Cに乗っていた隊員、第2航空隊千葉大亮3等海佐に話を聞くことができました。

――千葉さんは震災のときにP－3Cで現場まで行かれた。それは何分後に飛び立った

自然災害が起きた際には、空からの監視をする

たまたま
（地震発生時に）
飛んでいました
第２航空隊
千葉大亮　３等海佐

れたのですか。

千葉　たまたま（地震発生時に）飛んでいまして、飛んでいるところで連絡を受けて現場に急行しました。

――津波は確認できたんですか。

千葉　確認できました。私も宮城県出身で、実家が石巻なので……。平常心でいなければいけないというよりも、ここ（自分の持ち場）について仕事をしていれば、平常心でいられると。

――ここに座っていることによって平常心でいられる？

千葉　はい。訓練でやったことを訓練通りにやる、ということをすることによって、

あのとき平常心のままでいたかどうかはちょっとわかりませんが、それに近い形で任務を行うことができたと思っております。

——普段、訓練でやっていることだからこそ、同じことだと思ってやらなきゃいけないし、やろうという気持ちになるということですね。

千葉　そうです。

この他にも、哨戒機P－3Cはさまざまな自然災害などが起きた際に空からの監視を行い、私たちの身の安全を守っています。

●漁船か海賊か、見分けるポイントは何か？

実は、私も以前、海上自衛隊がソマリア沖に派遣したP－3Cに乗ったことがあります。P－3Cに限らず、いろいろな自衛隊機に取材で乗っているのですが、このP－3Cに乗ったときは、隊員が下の海面を見てパチパチと写真を撮っていました。

ソマリア沖で発見。漁船か、海賊船か？

なぜそんなことをしているかというと、ソマリア沖に出没する海賊は、一目で海賊とわかるようなマーク、たとえばドクロのマークを付けているわけではないからです。海賊船は漁船を装って近づいてくるので、漁船だろうと思って油断をしていると、タンカーや貨物船に乗り込んできてその船を制圧します。そうなる前に、空から「これは漁船なのか、海賊船なのか」を確認しなければいけない。そこでP－3Cが近づいて上空から写真を撮るのです。

デジタルカメラですから、すぐに機内でその写真を拡大してみて、漁船なのか、海賊船なのかを判別することができます。

前ページのイラストは、海上自衛隊からお借りした写真をもとに描いたものです。果たしてこれは漁船なのか、それとも海賊船か、あなたはどちらだと思いますか？

パッと見た感じは、乗っている人の数も少なくて、漁船のように見えますね。注目していただきたいのは、船の中央から前方にかけての部分です。布に包まれたハシゴらしきものが見えます。漁船にハシゴは必要でしょうか。

タンカーや貨物船の甲板はものすごく高いので、漁船で行っても、ハシゴがないととても上に飛び乗れません。つまり、ハシゴがあるか無いかで海賊かどうかの見極めがつきます。

海上自衛隊のＰ－３Ｃが確認して「これは怪しいぞ」ということになったら、すぐに連絡をすると、近くにいるどこかの国の海軍の軍艦、あるいは日本の自衛隊の護衛艦が駆け付けてくる。そういう仕組みになっています。

災害時に活躍する機動施設隊

機動施設隊
熊本地震の際、陸路で約52時間かけ
現地に駆けつけ復旧活動を行った

◉金曜日は「海軍カレー」で曜日感覚を養う

Ｐ－３Ｃが配備されている八戸航空基地には、災害時に私たちを援助してくれる陸上部隊もあります。それが機動施設隊です。

２０１６年４月の熊本地震のとき、この部隊は、陸路で約52時間かけて現地に駆けつけ、復旧活動を行いました。

「私たちは１分でも１秒でも（早く）、（被災地が）元の形に戻れたらと思って作業していました。少しでも被災者のために

基地ごとに美味を競う、海自カレー

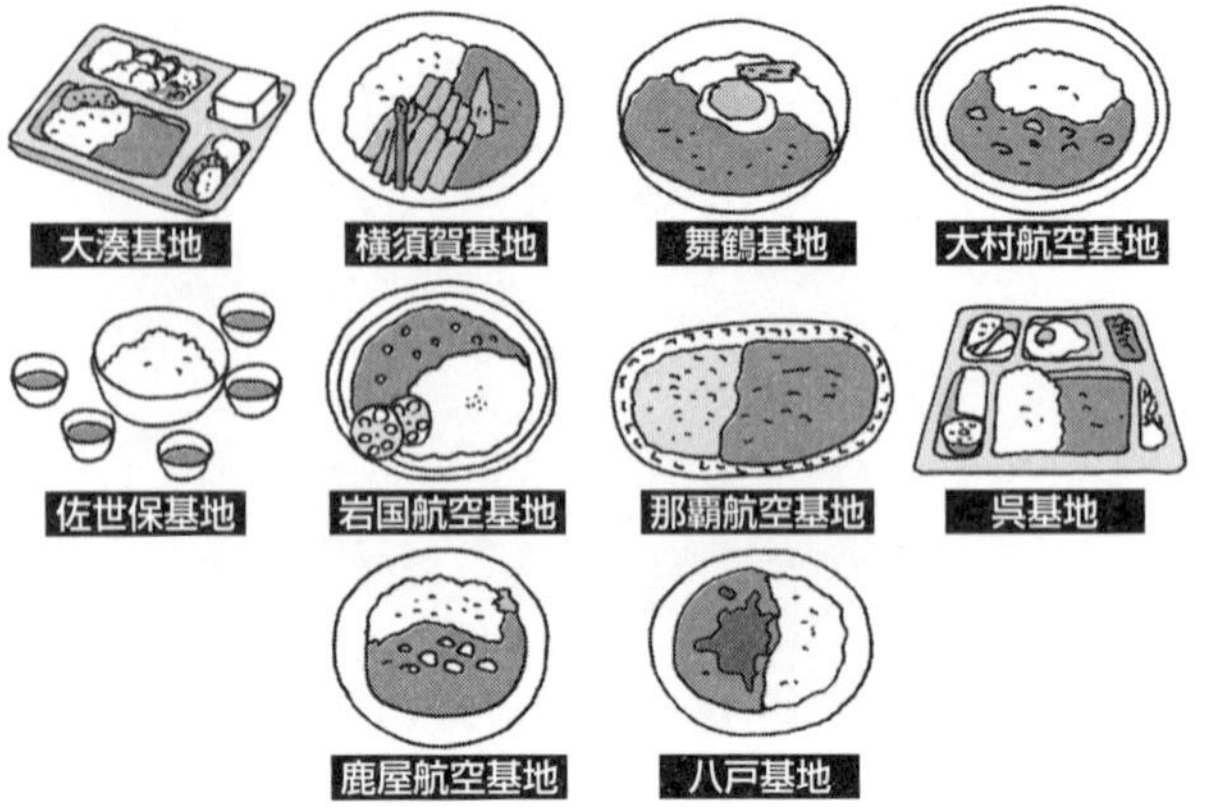

力になればという気持ちでやっています」（機動施設隊鈴木祐之1等海曹）

実は、海上自衛隊の自衛官は、船舶や潜水艦に乗りっぱなしということになると、今日が何日なのか、何曜日なのか、わからなくなってしまうこともあるそうです。そこで週に一度、金曜日には必ずカレーライスを食べて、「今日は金曜日なんだぞ」という曜日感覚を取り戻すようにしている、ということです。

これが「海軍カレー」といわれるもので、旧日本海軍からの伝統です。基地ごとにそれぞれの特徴を生かしたオリジナ

ルのカレーがあり、みんな「うちが一番おいしい」と言ってお互いに競っているそうです。

八戸航空基地のカレーは、八戸の特産物であるイカと三陸でとれる海産物をふんだんに入れて、イカスミでアクセントを付けたシーフードカレー。

――おいしい！　磯の香りがフワッと。こういうところで海をイメージさせてくれます。海上自衛隊だけに……。

◉ベールに包まれた海自の最強部隊、特別警備隊の実力とは？

この海上自衛隊には、ほとんど情報が公開されていない部隊もあります。それが特別警備隊です。

写真を見るとどの隊員も重装備です。一体どんな部隊なのでしょうか。ふだん彼らは表舞台に出ることがほとんどないのですが、今回、訓練をしている貴重な映像を手

不審船に乗り込み、立入検査や武装解除をする

海上自衛隊
特別警備隊

2007年6月28日 広島県宮島沖

共同通信

共同通信

共同通信

特別警備隊 徽《き》章《しょう》

特別警備隊の主な任務

武器や違法物資などを積んでいると思われる
不審船に乗り込み立入検査することや武装解除

に入れることができました。2007年6月28日に広島県廿日市《はつかいち》市の宮島沖で行われたものです。

主な任務は、武器や違法物資などを積んでいると思われる不審船に乗り込み、立入検査や武装解除をすることです。それ以外は、情報が公開されていません。訓練では、海の向こうからボートに乗ってやってきた海上自衛隊の特別警備隊が、不審船に見立てた船に乗り込んで怪しい人物を捕まえていました。

特別警備隊は、アメリカ海軍の精鋭部隊であるネイビーシールズやイギリス海軍のSBSを参考にしてつくられたといわれています。

特別警備隊の徽章《きしょう》、いわゆる部隊マークがすごいのでご紹介しましょう。次の写真を見てください。上はコウモリです。下は何でしょう？　なんとサソリです。コウモリとサソリが組み合わさってできた徽章です。海の忍者、あるいは黒いコウモリ部隊と呼ばれているのだそうです。

2 航空自衛隊

●戦闘機部隊が配置された7大基地の一つ、小松基地

日本の空を守る航空自衛隊は全国に73カ所の基地や分屯《ぶんとん》基地を持ち、総勢4万人以上の航空自衛官が配置されています。

その中でも戦闘機を数多く配備している基地が、千歳《ちとせ》、三沢、百里《ひゃくり》、小松、新田原《にゅうたばる》、築城《ついき》、那覇の7つの基地です。

では、実際、航空自衛隊はどれだけすごいのか？　今回、戦闘機部隊が配置されているこ小松基地を特別に取材できることになりました。

池上　航空自衛隊の小松基地（石川県）にやってきました。同行してくれたのは佐々木

日本の空を守る航空自衛隊

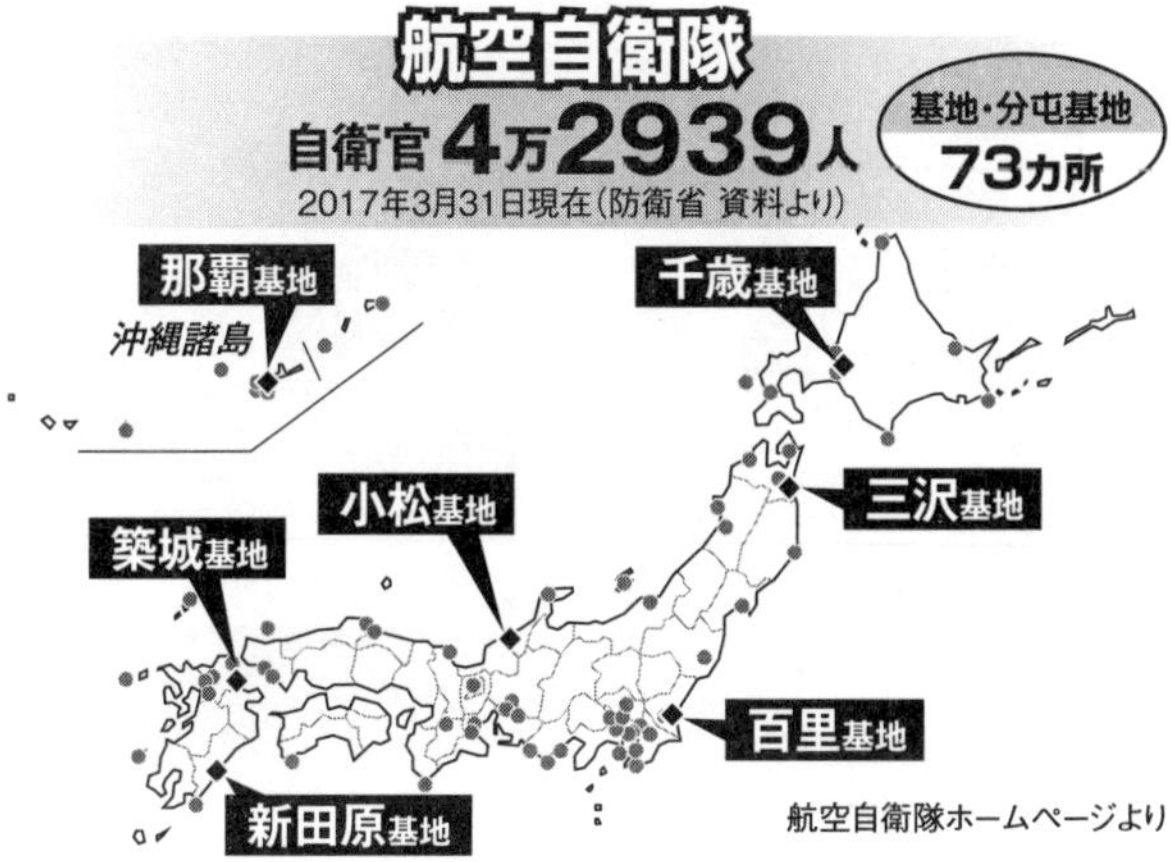

航空自衛隊ホームページより

恭子アナ（フジテレビ）です。

佐々木　私にとっては、非日常な空間がここにあるという感じです。

池上　普段、一般の人はなかなか縁がないかもしれませんね。最初に地図（次ページ）で確認しておきましょう。北側が海です。そして東西に滑走路が走っていて、この滑走路をはさんで海側が民間航空機が発着する小松空港、陸側が航空自衛隊小松基地となっています。

滑走路は、もちろん民間機が離着陸するのですが、航空自衛隊の飛行機も同じ滑走路を使って離着陸しています。

佐々木　それ、意外と知らないですね。

民間機と航空自衛隊の飛行機が滑走路を共用

画像 ©2018 Google

◉自衛隊が民間航空機の運航も管制

基地内を案内してくれたのは航空自衛隊小松基地広報班長、杉本雄一1等空尉。まずは、航空機の運航を管理する小松管制隊です。その中枢ともいえる管制室に入らせていただきました。

佐々木　ここが管制室ですか。知らず知らず声が小さくなりますね。

池上　そうなんですよ。

管制室では、小松基地で任務に当たる自衛隊機の離陸や着陸などの指示を出し

自衛隊が航空管制し、民間機も使用する共用空港

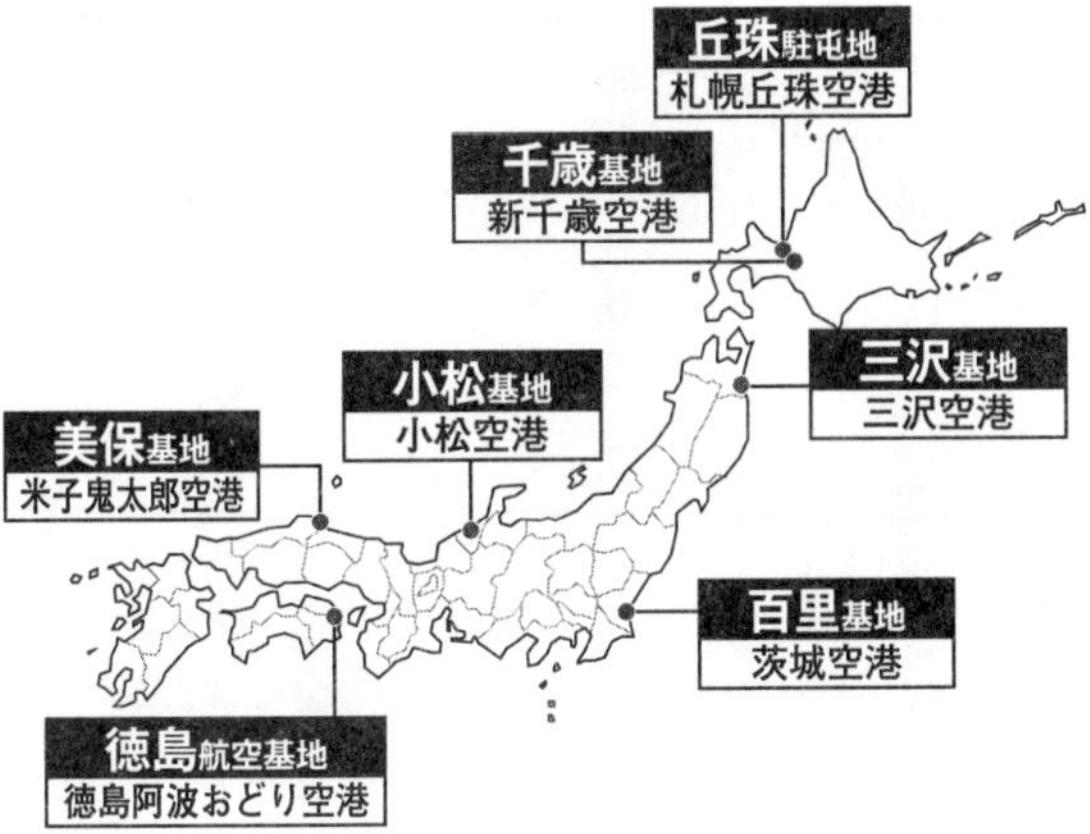

ています。小松管制隊の隊長は長友和博2等空佐です。

佐々木　今、皆さん、どういうことをやってらっしゃるのでしょうか。

長友　一番右側の者が、滑走路の手前までの地上誘導をやります。民間航空エリアから全日空機がタクシーアウトしましたけれども、あのタクシーアウトの指示を出すのが彼の役割ということになります。

池上　誘導路（タクシーウェイ）を移動することをタクシングというんです。タクシーアウトは、航空機がこの誘導路を自

力走行し始めること。今、全日空機が動いているのは、彼がその指示を出しているわけです。

小松管制隊は、自衛隊機だけではなく民間航空機も担当しています。自衛隊が管制している空港は小松基地をはじめ全国に7カ所あり、これも意外に知られていない事実です。

●災害救助に活躍し、空中給油もできるUH－60Jヘリ

次に案内されたのは小松救難隊です。この救難隊は、要請に応じて、山や海で遭難した人々の捜索、救助、さらに離島から急患を移送するなどの災害派遣を行っています。小松救難隊の隊長は加藤亮2等空佐です。

佐々木　こちらの、後ろにある機体は、どういった趣旨で使われるものですか。

山や海で遭難した人々の捜索・救助をする

U-125A 捜索機

捜索レーダーや援助物資投下機構
などの装備で遭難者を救援

提供：航空自衛隊

UH-60J 救難ヘリコプター

航続距離が長く、
救難できる範囲が広いヘリコプター

提供：航空自衛隊

加藤　こちらにつきましては、捜索機U－125Aと申しまして、速度が速いジェット捜索機でありますので、遭難事態で遭難者がいた場合、最初にこの航空機で捜索を実施します。

池上　まずは現場を捜すということですね。実際に現場が確認されますと、そのあとは？

加藤　そのあとは、向こうにございます救助ヘリコプター、UH－60Jを誘導しまして、ヘリコプターによって遭難者を救出するという状況になります。

佐々木　このヘリコプターって、よく災害現場でハシゴを降ろして助けるとか、ああいったことをやられているものですか？

加藤　はい。ワイヤーが入っていますので。

池上　これですね。

佐々木　ほんとだ。ちゃんとフックがあってロープをかけられるようになっていますね。

池上　ですから、遭難現場の空中で停止したときに、ドアを開けて……

遭難現場で空中から人命救助

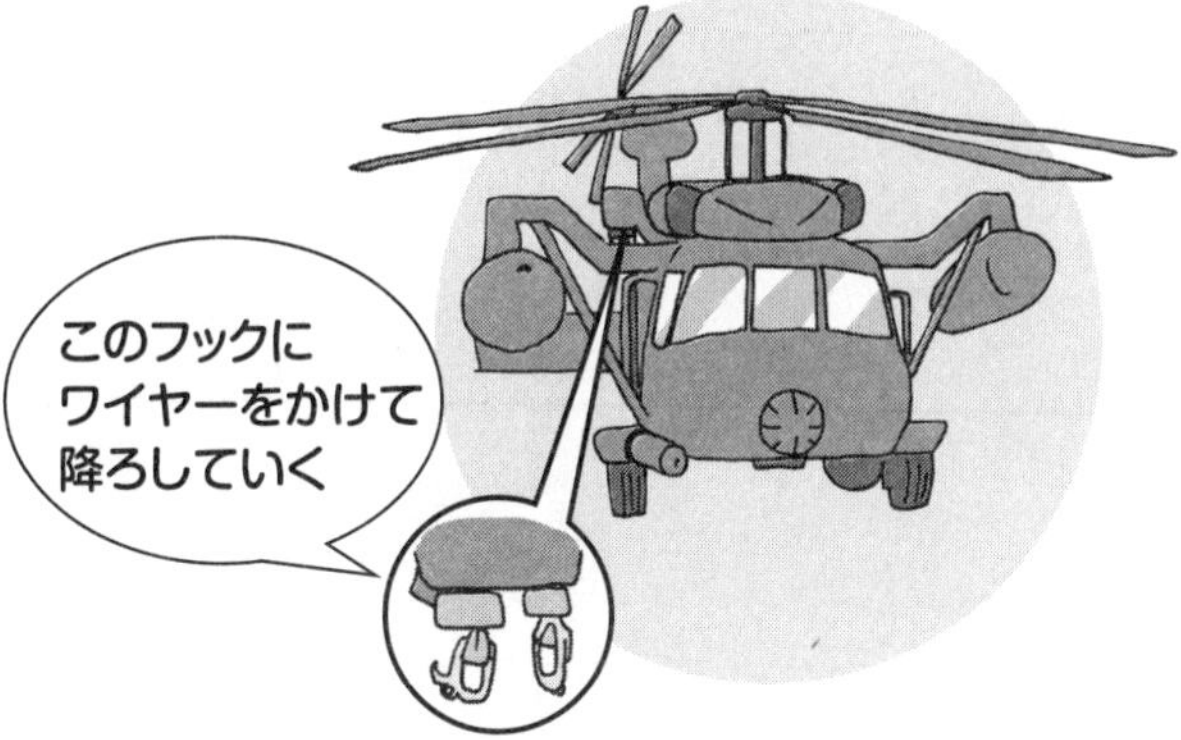
このフックに
ワイヤーをかけて
降ろしていく

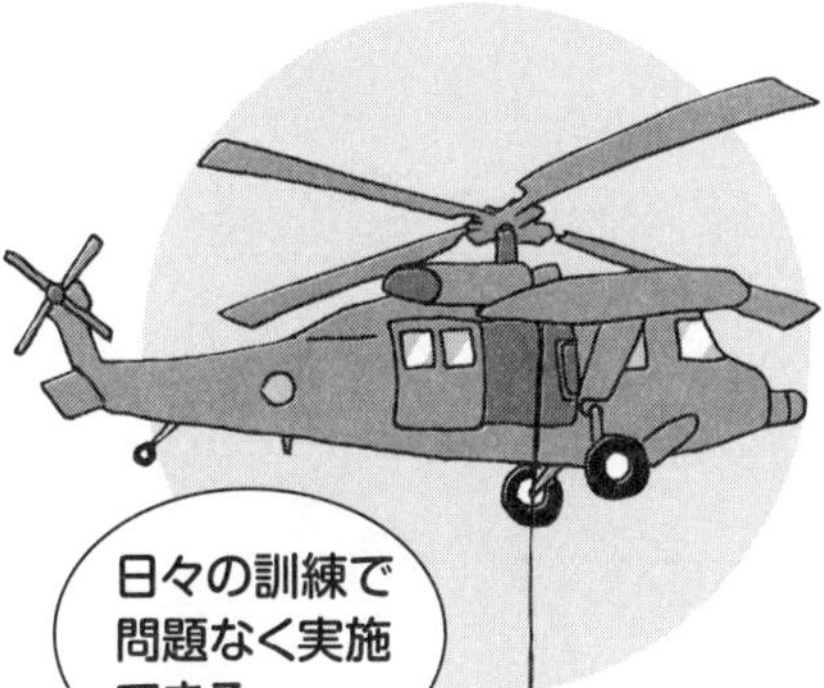
日々の訓練で
問題なく実施
できる

加藤　ドアを開けまして、そのとき皆さんがテレビなどでよくご覧になっているのは、これだと思うんです。

佐々木　人命救助に使われていますよね。

加藤　これをフックにかけて降ろしていきます。

佐々木　ワイヤー1本で、あの強風の中やすごい水害の中を降りていくとき、実際、怖くはないのですか。

加藤　それは、そのための訓練をしておりますので。問題なく実施できます。

佐々木　平常心で？

池上　それが仕事ですものね。

さらに、この救難ヘリコプターには大きな特徴があります。

池上　ここに大きいのがあります。これは燃料タンクですね。

佐々木　外付けなのですね。

空中の燃料補給で、さらに遠くへ行ける

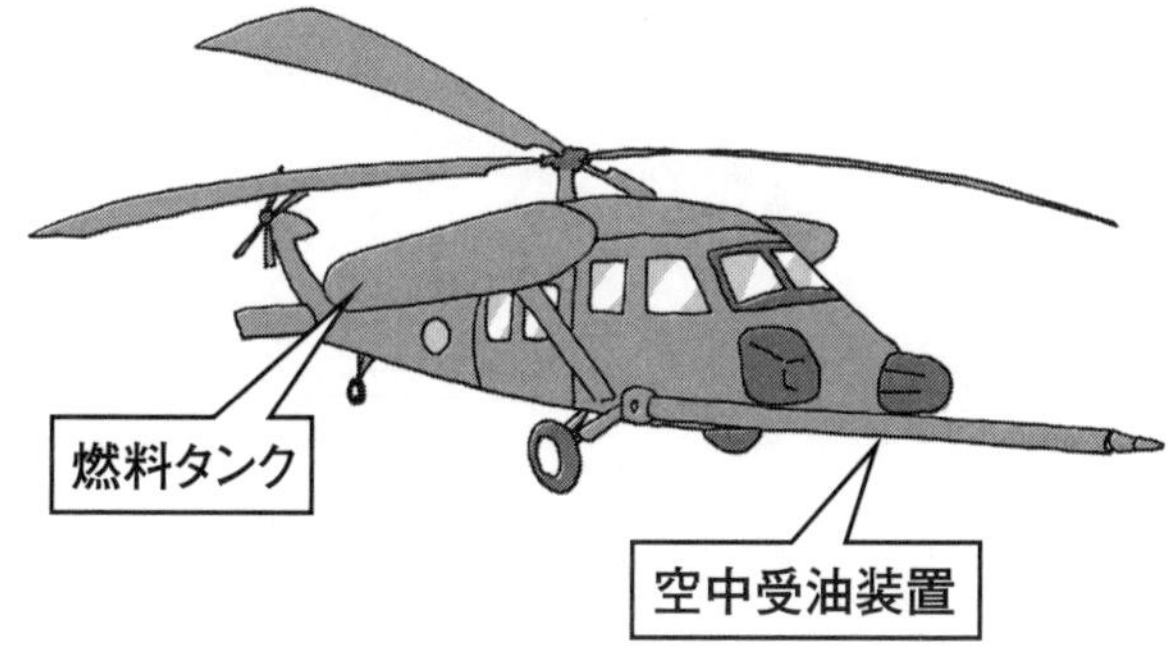

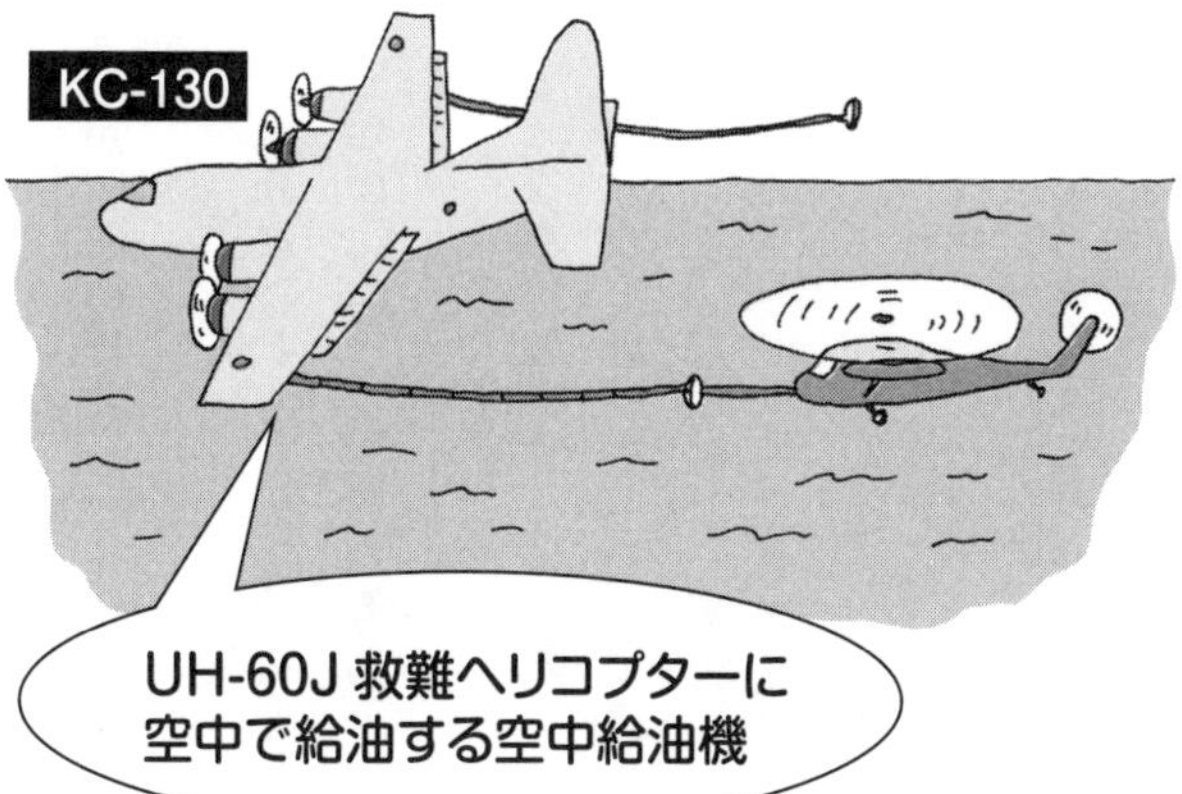

池上　かなり長い時間、飛行しなければいけないので、燃料タンクが両側にあるのですけど、これでも足りなくなったときのためのものが、この細長いパイプです。

佐々木　どうやって給油するのですか。

加藤　これは今、短くなっているのですが、先端の部分が長く伸びます。あとは、KC－130という給油機がおりますので、そこから空中において燃料をもらうことができます。

池上　空中で燃料を補給するわけですけど、ヘリコプターのローターがグルグル回っているので近づくとぶつかってしまいます。それを避けるため、空中受油装置をグーンと伸ばして補給するのです。

●空の精鋭、飛行教導群のマークはコブラ

次は、空の精鋭と呼ばれる飛行教導群、通称「アグレッサー部隊」です。1年を通じて全国の戦闘機部隊などを巡り、訓練で〝敵機〟を演じます。対戦闘機戦を指導す

ることを任務としている凄腕《すごうで》の集団です。飛行教導群司令の吉田昭則1等空佐に聞きました。

池上　F－15戦闘機がずらっと並んでいますけど、もうペイントからして全く違いますね。

吉田　そうですね。ご覧になってわかるように、機体ごとに特徴のある塗装を施しておりまして、それは、われわれはふだん敵機役をやりますので、われわれと対戦する部隊の人たちが目視で簡易に識別ができるように、機体ごとに色を塗り替えています。

佐々木　隊長が着てらっしゃる服の胸のワッペンがすごい。

池上　ちょっと、これはドクロじゃないですか。

吉田　これは、われわれの部隊が創設された当時から、「空中戦に白旗はない」「負けたらこれになるぞ」という意味を込めて、このマークをわれわれは採用しております。

池上　戒めになっているんですね。こちらの右腕のワッペンは？

吉田　コブラは……

各部隊には部隊マークがある

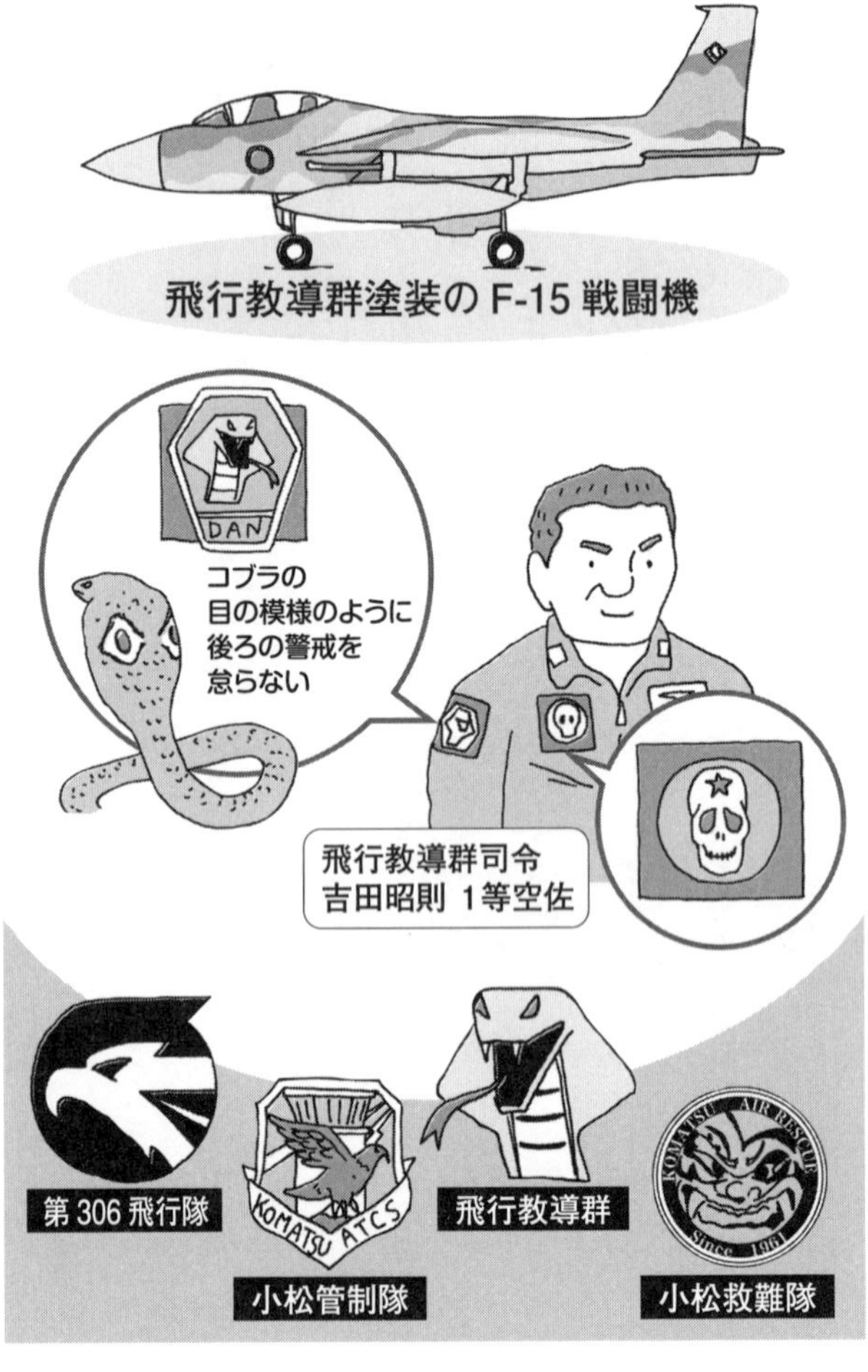

池上　コブラなんですね、これは。

吉田　飛行機の尾翼にもコブラのマークがありますけど、これはキングコブラでして、必殺の毒を持っていることと、非常に知能が高いこと。もう一つは、コブラは頭の後ろに目のような模様があるのですが、それをわれわれ戦闘機のパイロットは非常に重要視しています。チェックシックスといって、後ろの警戒を怠らないこと、後方確認です。だいたいこの三つの意味を込めてコブラを採用しています。

佐々木　いろいろ意味があるのですね。

このように、各部隊には部隊マークがあります。部隊ごとにデザインを考え、決めているのだそうです。

◉24時間365日、F－15戦闘機が領空侵犯に備える

小松基地に所属する第306飛行隊は、石川県のシンボルとなる鳥、「白山のイヌワ

シ」（ゴールデンイーグル）を部隊マークにしています。対応してくれたのは、第306飛行隊長の森田英明2等空佐です。

佐々木　この部隊は、どういう任務を請け負っていらっしゃるのですか。

森田　この部隊につきましては、F－15戦闘機を運用しております。平時については、スクランブルで代表される、対領空侵犯措置を主な任務として実施しております。

対領空侵犯措置とは、領空に接近する恐れのある航空機に対して戦闘機が緊急発進、いわゆるスクランブルをかけます。戦闘機は最初に、どこの国のどんな航空機かを確認し、次にその航空機の行動を監視し、日本の領空に入る恐れがあった場合は通告を行います。

それが無視され、日本の領空に入った瞬間に領空侵犯機となり、航空自衛隊の戦闘機は、さらに通告、そして警告を行うのです。

領空侵犯の監視は24時間体制

1
領空に接近する恐れのある
航空機に、戦闘機が緊急発進
（スクランブル）する
2
戦闘機はどこの国の
どんな航空機か
確認する
3
航空機の行動を監視し
日本領空に
入りそうになった場合、
通告を行う
4
通告を無視し、航空機が
日本領空に入った場合
領空侵犯機となる

池上　普段は、何かあったときに、すぐにスクランブルができるような態勢をとっているということですね。

森田　そうです。24時間、365日、常に待機しております。

●戦闘機パイロットが身に着ける装備の秘密

実際のパイロットは、どのような装備でスクランブルに臨むのでしょうか。実は、装備だけでもさまざまな秘密があります。

森田　こちらは、救命装備品といいまして、パイロットについては、上空で非常に過酷な環境で操縦しています。ですので、G（重力加速度）に対して耐え得る「Gスーツ」と、脱出した際に命をつなぐための救命装備品をつけていただきます。

池上　わかりました。

森田　戦闘機はGがかかります。Gがかかると体重が9倍になりますので、血管の中の血液（の重さ）も9倍になります。頭の血液が、徐々に、徐々に、体の下のほうに下がっていきますので、最悪、それで意識を失う場合もあります。それを防ぐために、足・おなかにある血液を強制的に上に押し上げてやります。そのために身に着けるのがこのGスーツです。飛行機からは、ここ（腰のところのホース）から強制的に（Gスーツに）空気が送られてきます。それによって（Gスーツの）中の風船がグッと膨《ふく》らむようになっています。

救命装備の維持、管理をしているのは、救命装備員です。スーツ一つにしても、専門の隊員がいるのです。そして、Gスーツの上にも救命装備を着込んでいきます。

池上　結構重たいですね。何キロくらいですか、これは。

森田　3～4キロくらいです。胸元についていますこの黒い金具、ここの先にパラシュートがつながります。脱出した際は、そのパラシュートと股帯《またおび》といいますか、脚帯《きゃくたい》で体重を支えますので、（戦闘機に）乗るときは、これをギュッと締めて飛びます。

首回りの部分には、中に救命の浮輪が入っていまして、これはパイロットが操縦しなくても、海水もしくは川などに着水しますと、自動的に膨らむようになっていました。

あとは、お腹のあたりに、発煙筒や発光信号灯が入っています。

池上　あっ、ここにありますね。

森田　海に落ちて誰も助けが来ないとき、もしくは、近くにヘリが助けに行ったときは、そういうものを使って助けを呼ぶことになります。

池上　わかりました。

森田　その他にも、本当にもう遠い洋上等で脱出した場合で、助けがなかなか来ない場合に、命をつなぐための非常用の食料なども、中に少ないのですが入っております。

さらに締め付けは続きます。

池上　ロボットスーツを着た感じになってきました。

脱出した際に命をつなぐための救命装備品

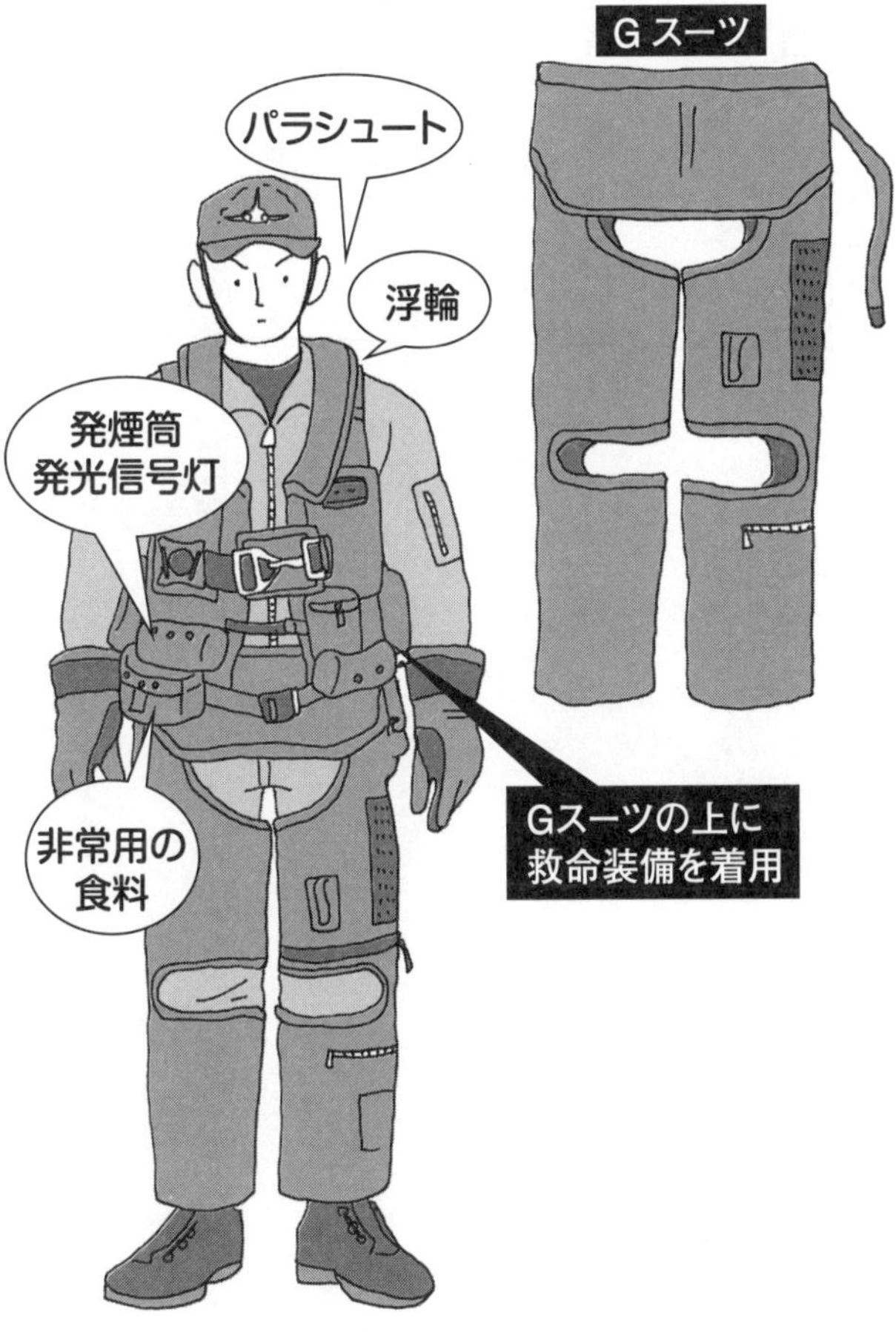

森田　これで操縦をしています。

池上　なるほど、そうか。ここまでやった上で操縦をする。

そして、ヘルメットを被り、顔に密着するように空気マスクを装着して、装備完了です。

池上　（空気マスクから出ているホースの先を示して）これは？

森田　機体の方へつなぎます。

佐々木　かなり密閉されますか？

池上　本当に密着ですから。

これらの装備をつけてパイロットはスクランブルに臨んでいるのです。２０１６年度の航空自衛隊の緊急発進、いわゆるスクランブルの回数は、過去最高の１１６８回。ここ小松基地も、常にスクランブルに備えています。

◉スクランブルはどのように行われるのか？

一体、スクランブルはどのようにして行われるのか。対領空侵犯措置の訓練の様子を取材しました。

スクランブルは、基本は2機体制です。今回、訓練を行うパイロットは、第306飛行隊員の金山雄飛1等空尉と那須泰宏2等空尉です。

佐々木　よろしくお願いします。

この状態で、こういったものを身に着けた上でスタンバイされているんですか。

森田　この状態で、ずっと24時間、待機をします。

佐々木　24時間。

池上　だって、蒸れるでしょう、これ。

金山　夏はもう蒸れて暑いです。

森田　今日はこちらの場所を待機場所と見立てまして、操縦者が待機している状態か

スクランブルは2機体制

ら、指令を受けてスクランブルという流れをご覧いただきます。

池上　実際に待機しているときには、ただ待機するだけですか。何か本を読んだり、話をしたり、テレビを観たりといったことは、あるのですか。

森田　テレビがついていて、情報収集をしたり、あとは、本を読む者もいれば、英語の勉強をしたりする者もいます。

佐々木　私語は許されているのですか。

森田　特に、そこは制限されていません。普段はみんな多弁です。

では、実際に、待機の状態から始めたいと思います。

2016 年度のスクランブルの回数は過去最高

空自緊急発進1168回

昨年度最多　中国機には851回

防衛省統合幕僚監部は13日、平成28年度に日本領空に接近した軍用機などに航空自衛隊の戦闘機が緊急発進（スクランブル）した回数が、前年度比295回増の1168回だったと発表した。

昭和33年に緊急発進を開始して以来最も多かった59年度の944回を大きく上回り、過去最多となった。中国機に対する発進が851回（同280回増）で同様に過去最多を更新し、全体の回数を押し上げた。領空侵犯はなかった。

ロシア機に対する発進は301回で平成27年度（288回）からは微増となった。台湾機は前年度から6回増の8回。北朝鮮機は25年度に9回を記録してから は発進実績がなく、28年度も0回だった。対象機は戦闘機、爆撃機、哨戒ヘリコプター、情報収集機などだが、中国機はスホイ30などの戦闘機、ロシア機は爆撃機が多かった。

今年3月2日には中国軍機計13機が沖縄本島と宮古島の間を往復飛行するなど、中国は活動空域を西太平洋側まで広げつつある。河野克俊統幕長は13日の記者会見で「中国軍の近代化の趨勢《すうせい》を考えると、この傾向は続くと考えている」と述べた。

2017年4月14日付　産経新聞

電話の音が鳴り、受話器を取った担当者が次の瞬間、

「スクランブル！」

と大声で指示を出しました。

椅子に座って待機していた二人が外に飛び出し、私たちもその後を追いかけます。

佐々木　すごく大きな声！　わっ、速い。

池上　これは速い、スクランブルだ。

佐々木　はやーい。

佐々木　整備員の方たちも飛び出してきました。

池上　速い。

佐々木　速い。皆さん、（ハシゴでパイロット席まで）駆け上がっていますね。

池上　駆け上がりますよ。

佐々木　はやーい。もうエンジンが……。

池上　ほら、ヘルメットを被って……。

佐々木　（動き出した戦闘機を見ながら）一瞬でしたね、ここまで。

池上　一瞬ですね。

パイロットも整備員も戦闘機に走り、おのおの自分のすべきことを同時に行い、発進準備を整えます。

池上　（整備員が手にしている）あの有線（ケーブル）を使って、パイロットとやりとりしているんです。

森田　風が来ますので気をつけてください。

スクランブルはあっという間の出来事

2機の戦闘機が一緒に動き出しました。

佐々木　2機が発進できる状況ですね。

池上　同時に発進できますよね。

森田　戦闘機は非常に速い速度で向かっていきます。1分、1秒でも早く（空に）上がることを心掛けていますので、可能な限り、早く離陸するのがわれわれの目標です。

2機の戦闘機は（駐機場から）滑走路へ向かい、こうして離陸していくのです。

森田　本来ですと、滑走路の端からそのまま離陸していきますが、今日は訓練ですので模擬離陸と同じような形で行いました。

池上　滑走路の端まで行きましたね。

佐々木　あっという間の出来事でした。

◉何をしてくるかわからない相手と対峙する緊張感

訓練を終え、隊員たちが戻ってきました。

池上 それにしても速かったですね。

佐々木 速かったですねえ。

金山 一生懸命走りました。

池上 実際にスクランブルがかかって、上空に来て、どこかの国の飛行機が近づいてくるわけでしょう。最初、それを目視したときには、どんな感じがしました？

金山 そうですね。初めて見たときはすごく緊張しました。相手が何をしてくるかわかりませんし、相手の意図がわかりませんので、緊張するときは緊張しました。

佐々木 スクランブルの回数も増える中で、皆さんの使命感というものに何か変化はありますか。

金山　大きく変わったということは特にありませんが、それまでに培ってきた使命感をもとに任務に就いています。

同じ部隊の若きパイロット（第306飛行隊員、木村光宏2等空尉、28歳）にも話を聞いてみました。

池上　自衛隊員になるときに、服務の宣誓をしますよね。覚えていらっしゃいますか。

木村　はい、覚えています。私が一番に印象に残っているのは、「危険を顧みず、身をもって責務の完遂に務める」というところで、私は（今も）一番重要だと思っています。

池上　やっぱり、「自分を顧みず」というところが、皆さん、随分、印象深く記憶していらっしゃるようですね。

木村　先輩の方々が、対領侵（対領空侵犯措置）の実任務で（空に）上がっているところを見て、身をもって責務を完遂していかなければと感じております。

国防は最も崇高な任務

そして、小松基地のトップ、亀岡弘司令（空将補）に、航空自衛官という職について伺いました。

亀岡 航空自衛官としては、大袈裟《おおげさ》な話ですけれども、国を守る職というのは、われわれ自衛隊、もちろん警察の治安の維持もありますが、国防については、最も崇高な任務だと思っていますし、それに携われるというのは、非常に光栄で名誉なことだと認識しています。

◉最新鋭戦闘機F－35Aの画期的な能力

外国からの空の侵略を防ぐために、日本は

最新鋭の戦闘機をアメリカから購入しました。2016年9月に日本に引き渡された戦闘機が、最新鋭ステルス戦闘機、F－35Aです。敵のレーダーに映りにくいという特徴を持つ、つまり敵に見つかりにくいことからステルスというわけです。

次世代の主力戦闘機といわれるF－35A。値段はいくらかというと、1機約140億円です。最初に買った戦闘機が140億円でした。これを自衛隊では42機、調達する予定です。

この戦闘機のシステムで画期的なのは、パイロットがかぶるヘルメットです。これが実は画期的で、値段は一つで約4500万円もします。なぜそんなに高額なのでしょうか。

パイロットがヘルメットをかぶったイラストを見てください（88ページ）。矢印の部分は透明なバイザーです。ここにさまざまな情報が映し出されます。右側に描かれているのが、バイザーに映し出されている映像です。詳細は公表されていませんが、数字がいろいろ出ていますね。これらは飛行機の高度や速度、あるいは飛行針路などの情報だといわれています。

レーダーに映りにくい戦闘機

最新鋭 ステルス戦闘機 F-35A

機体の外装には様々な方向に
赤外線カメラが設置されている

Lockheed Martin

このヘルメットの一番画期的なところは、実はこれではありません。このF－35Aの機体には、さまざまな方向に赤外線カメラが組み込まれており、いろいろなところを映し出しています。その赤外線カメラはヘルメットと連動していて、パイロットがたとえば下を向くと、真下の光景が映し出されるのです。本来、そこには機体があるので下は見えないはずですが、それが見える仕組みです。パイロットが顔を動かせば、コックピットにいながら上下左右360度、全て見渡せます。真後ろも見えるのです。

そして、赤外線カメラなので、昼も夜

F-35A のシステムで画期的なのはヘルメット

27 28 29 30
249
7618
数字は飛行機の高度とか
速度あるいは飛行針路などの情報
27 28 29 30
249
7618
下を向くと
（機体の）真下が
映し出される

も関係なくはっきりと敵を認識することができます。

こうして、最新鋭の戦闘機なども導入して、航空自衛隊は日本の空を守っているというわけです。

3 陸上自衛隊

●首都東京を守るのは東部方面隊の第1師団

陸上自衛隊は全国158カ所に拠点を持ち、約13万5000人の陸上自衛官が配置されています。

海上自衛隊や航空自衛隊と違って、陸上自衛隊のいる場所は基地とは呼びません。駐屯地、あるいは分屯地と呼んでいます。規模の大きさで呼び方が変わり、大きいものは駐屯地、小さいものは分屯地です。

なぜ基地と呼ばないのか？

そもそも基地とは、戦闘機が離着陸する滑走路や艦艇が停泊《ていはく》するための港など、移動できないものがある場所のことです。これに対して陸上自衛隊の部隊は、もし有事

陸上自衛隊の５つの方面隊

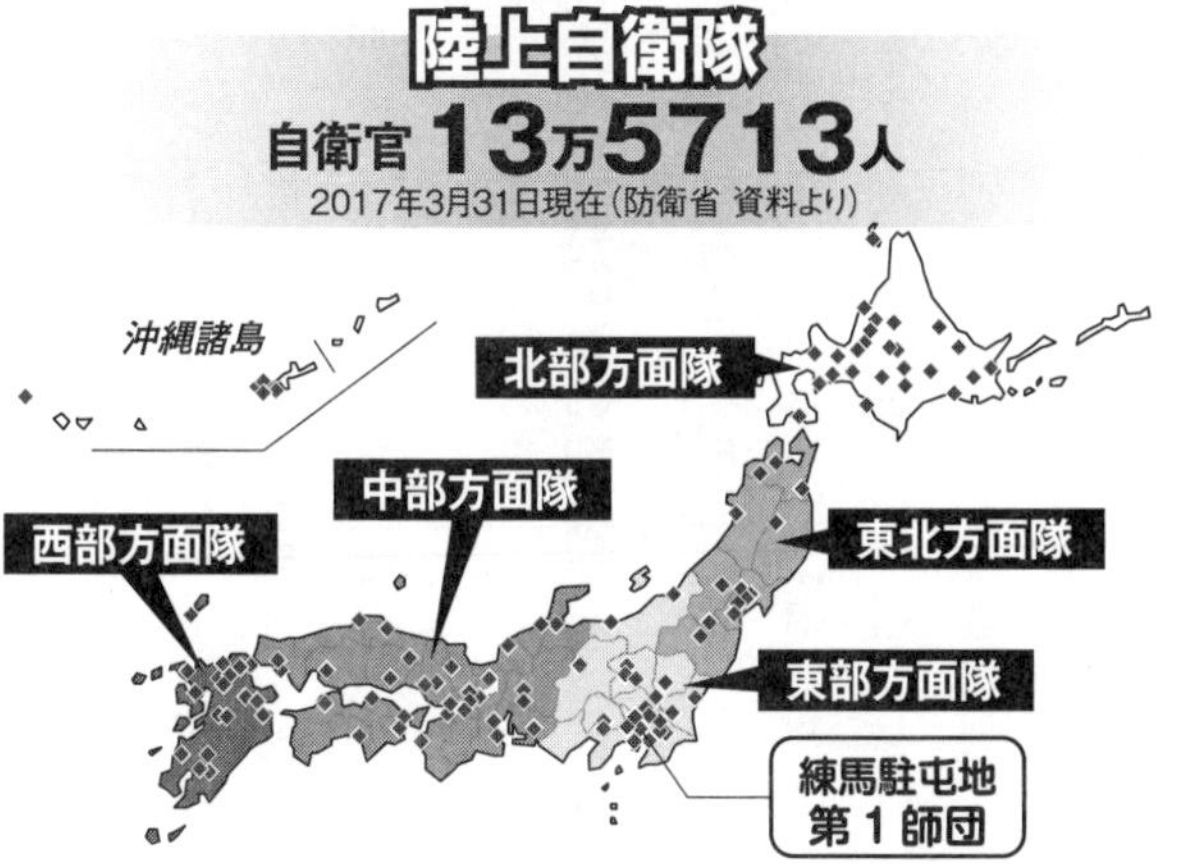

になれば、作戦ごとに移動して展開していきます。その場所にずっといるわけではない。あくまで「現在はここにいます」というので、駐屯地という名前になっているのです。

その駐屯地や分屯地は、大きく五つの方面隊に分かれています。北部方面隊をはじめ、東北、東部、中部、西部と五つの方面隊に分かれて、それぞれ図に示した地区を各方面隊が中心となって守っています。

首都東京を守るのは東部方面隊です。その中でも、主に首都防衛にあたっているのが練馬駐屯地の陸上自衛隊第１師団です。

この部隊は都市部における市街戦を想定しています。有事の際には敵のゲリラ部隊が侵入してくるかもしれない。となると、市街地での戦闘ということが起こり得ます。そこで、装備を軽くして機動力を重視しています。
方面隊によって、さまざまな特色があるということです。

◉16式機動戦闘車の配備で南西地域の防衛を強化

最近は、自衛官や装備の配置なども大きく変わってきています。

たとえば北朝鮮、あるいは中国からの攻撃や侵攻に備えて、南西地域の防衛体制を強化しました。その動きの一環として、２０１６年3月、日本の最も西の端にある沖縄県の与那国島《よなぐにじま》に、新しく駐屯地をつくっています。

また２０１７年秋には、中部方面隊や西部方面隊に新装備が配備されました。それが16《ヒトロク》式機動戦闘車です。94ページの写真を見てください。一般の戦車とははっきり違う

防衛体制強化のため新しい駐屯地をつくった

陸上自衛隊

ところがあります。どこだかわかりますか？

走行用ベルトの代わりにタイヤになっていますね。なぜこうなっているかというと、有事の際、速やかに目的地に到着できるようにするためです。走行用ベルトを装着していると高速道路を走るわけにはいきませんが、これなら走れます。タイヤなので道路を傷めることもなく、高速道路を走っても問題ありません。

戦車の場合、最速で時速70キロ程度ですが、16式機動戦闘車なら時速100キロは出せるということです。

海外にもこのようなタイヤを使った機

タイヤ装着で高速道路も走れる

16式機動戦闘車

動戦闘車はあるのですが、高速で走りながら横に向けて主砲を撃てるという能力は、世界でもこの16式機動戦闘車が一番優れているといわれています。

◉名前の頭に付いている数字は何？

ちなみに、こうした陸上自衛隊が持つ戦車などには、全て名前の頭に数字が付いています。74《ナナヨン》式、90《キュウマル》式、10《ヒトマル》式、16《ヒトロク》式といった具合です。この数字は何を意味しているのでしょうか。

答えは西暦の年号です。それぞれその年から配備されるようになったことを表しています。74式は1974年から使われるようになった

名前についている番号は、西暦の年号

74式戦車

90式戦車

10式戦車

16式機動戦闘車

零式艦上戦闘機

戦車です。

90式は1990年、10式は2010年、そして16式は2016年から使われています。

このように、配備が始まった年に付けられた名前は戦車に限りません。前ページ下の写真は旧日本軍の有名な戦闘機です。皆さん、当然ご存じですよね。正式名称は何と言うでしょうか。

零式《レイシキ》艦上戦闘機。読み方は零《レイ》です。ゼロは英語ですよね。レイシキを、アメリカでは英語で「ゼロ」と言って、ゼロファイターと呼んでいたのです。戦後になって、これを「ゼロ戦」とみんなが呼ぶようになりました。

では、零式は何年に配備されたのでしょうか。

年号の最後が0の年です。戦時中の皇紀《こうき》2600年（西暦1940年）に配備されました。皇紀は天皇の「皇」という字と紀元の「紀」を合わせたもの。神武天皇が即位した年を元年とした日本独自の年号です。昔は皇紀何年という言い方をしていたのです。皇紀2600年に配備されたので、最後の0をとって零式《レイシキ》戦闘機と名付けたわけです。

ただし、戦後は皇紀何年という言い方はしなくなっています。西暦を使うようになっているから、今は西暦で数字が付いているのです。

4 自衛隊は有事にどう動くのか

●『シン・ゴジラ』でわかる自衛隊の指揮命令系統

ここまで陸・海・空、三つの部隊の配備、それぞれの装備の特色などを見てきましたが、実際に有事となった際には、自衛隊はどのような命令系統で動くのでしょうか。指揮命令系統がとてもわかりやすく描かれている映画があります。２０１６年の夏に大ヒットした『シン・ゴジラ』です。この映画は、自衛隊の全面協力の下で指揮命令系統までリアルに描かれています。

では、実際にどのような命令系統になっているのか。ゴジラを初めて攻撃しようとするときのシーンを見てみましょう。

統合幕僚長　わかりました。花森大臣、いつでも射撃を開始できます。
防衛大臣　了解しました。総理、本当に始めますよ。いいですね？
内閣総理大臣　わかっている。やってくれ。

　というわけで、実にわかりやすく命令系統が描かれているわけです。自衛隊の命令系統は、次のページの図のようになっています。

　まずは、もちろん最高指揮官は内閣総理大臣です。そして防衛大臣に指示を出し、防衛大臣が自衛隊のトップ、統合幕僚長にこれを伝え、陸・海・空それぞれの幕僚長に伝わっていくという流れです。

　映画では、いよいよ自衛隊としてゴジラを攻撃するというときに、統合幕僚長が「準備が整いました。よろしいですか？」と言うと、防衛大臣がさらに総理大臣に「本当に攻撃していいんですね」と念を押し、「やってくれ」となると、その命令が下に伝わっていって攻撃を始めます。

　さらにこのあと、アメリカを中心とした多国籍軍が結成され、核攻撃でゴジラを破

自衛隊の命令系統

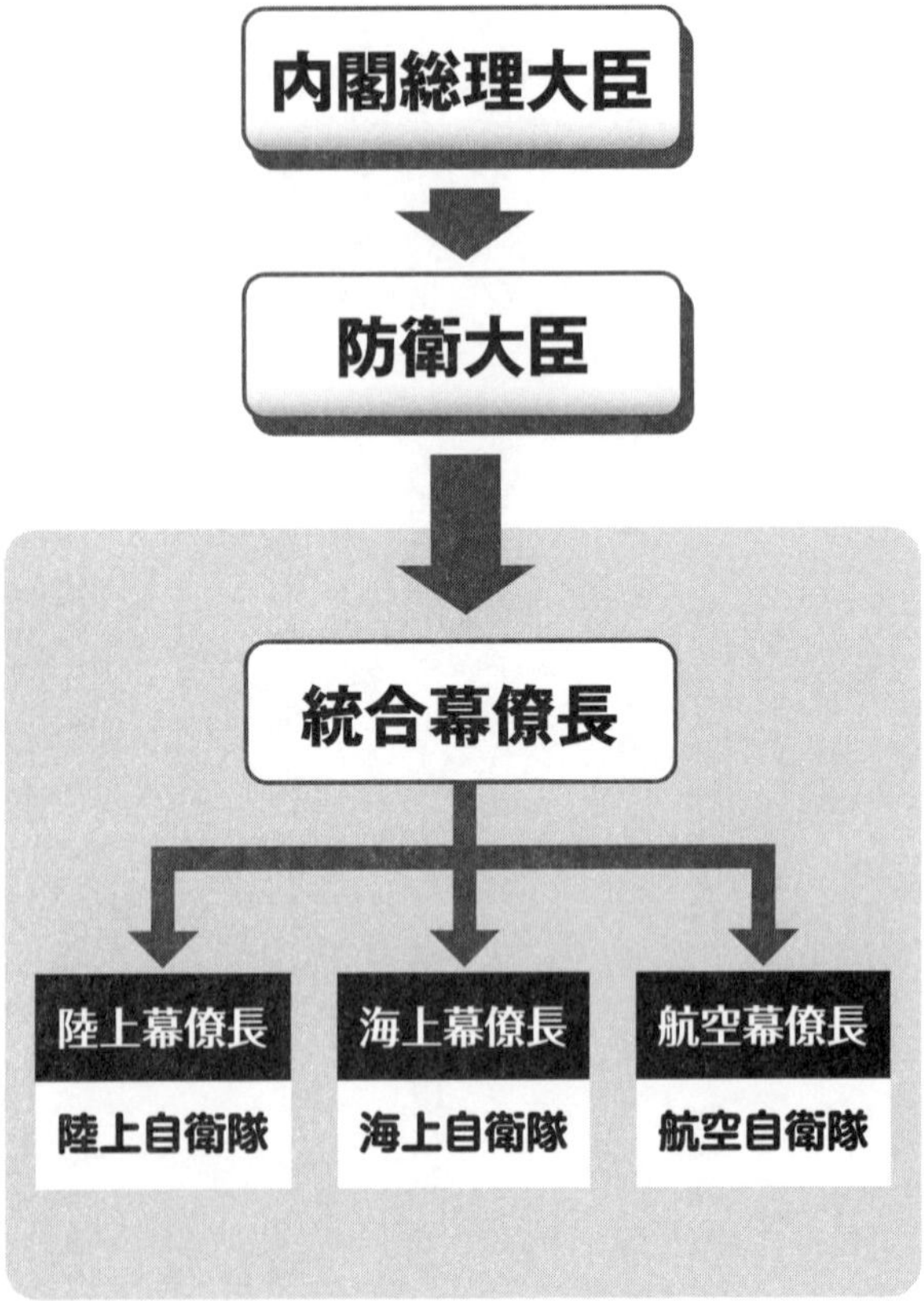

内閣総理大臣
防衛大臣
統合幕僚長
陸上幕僚長
陸上自衛隊
海上幕僚長
海上自衛隊
航空幕僚長
航空自衛隊

壊しようという計画が決定されます。それに対して、ネタバレになるので理由は明かせませんが、総理大臣に代わり、内閣総理大臣臨時代理が多国籍軍に核攻撃を遅らせるように説得します。

また、この映画には内閣官房長官の部屋などいろいろなところが出てきますが、本当によくできていました。見事に再現されていました。綿密な取材に基づいて作っていることがよくわかります。

◉政治の決定に従う「文民統制」という仕組み

映画の話はここまでにしましょう。要するに自衛隊に対しては、国民に選ばれた政治家がトップに立つということです。そういう制度をこう呼んでいます。

「文民統制」

英語では「シビリアンコントロール」といいます。

戦前のように、海軍大臣や陸軍大臣など軍部が独走することを防ぐために、必ず国民から選ばれた政治家がコントロールするという仕掛けになっています。

したがって、自衛隊は政府の判断・決定に従わなければいけない。民主主義国家における軍事に対する政治の優先、それがこの文民統制という仕組みです。

日本では、こうやって22万人もいる巨大組織、自衛隊を統制し維持しているのです。

しかし、先ごろ、この文民統制の在り方が問われる出来事がありました。2017年7月の都議選における稲田朋美防衛大臣（当時）の問題発言（「自衛隊としても（自民党候補の応援を）お願いしたい」）や南スーダン自衛隊派遣での日報問題（150ページ参照）など、トップに立つ防衛大臣が、自衛隊をきちんとコントロールできていないのではないかということで、その資質が問われる事態になったのです。

●「専守防衛」の意味を理解しておこう

実際に、もし有事になったとき、自衛隊はどんな行動を取ることができるのでしょうか。そこが他国の軍隊とは非常に大きく違うところです。これについては「防衛政

専守防衛

相手から武力攻撃を受けたときに
はじめて防衛力を行使し、その態様も
自衛のための必要最小限にとどめ、
また、**保持する防衛力も自衛のための**
必要最小限のものに限るなど、
憲法の精神にのっとった受動的な
防衛戦略の姿勢をいいます。

防衛省・自衛隊ホームページより

策の基本」というタイトルで、防衛省のホームページに次のように明記されています。

「相手から武力攻撃を受けたときにはじめて防衛力を行使し、その態様《たいよう》も自衛のための必要最小限にとどめ、また、保持する防衛力も自衛のための必要最小限のものに限るなど、憲法の精神にのっとった受動的な防衛戦略の姿勢をいいます」

これが「専守防衛」という考え方です。相手から武力攻撃を受けたときに初めて防衛力を行使する。つまり、守ることに

世界の軍事力ランキング

1位	アメリカ	6位	イギリス
2位	ロシア	7位	日　本
3位	中　国	8位	トルコ
4位	インド	9位	ドイツ
5位	フランス	10位	イタリア

米・軍事力評価組織「GFP」2017年発表　※世界127の国と地域

専念して、相手を攻撃する攻撃用の武器は持たないということです。これが防衛省の基本政策となっています。

さらに注目していただきたいのが、「保持する防衛力も自衛のための必要最小限のものに限る」という箇所です。自衛隊が保持する防衛力は、果たして必要最小限と言えるのでしょうか。

「世界の軍事力ランキング」を見てください。これはアメリカの軍事力評価機関であるグローバルファイアパワー（GFP）が年に一度、軍人の数や装備、予算額など50個に及ぶ指標をもとに試算して発表しているランキングです。

これによると、日本の軍事力（日本では「防衛力」）は7位にランキングされています。1位から6位までを見ると、ある共通点に気がつきます。何だと思いますか？

どの国も核兵器を持っていますね。1位から6位が核兵器保有国で、核兵器を持っていない国の中では日本が一番、軍事力がある。

「あれっ、『必要最小限』のはずなのに、こんなにあっていいの？」

こんな疑問を持つ人もいることでしょう。

「防衛政策の基本と矛盾しているのではないか？」

という声も出ています。

第2章

自衛隊は憲法と矛盾する存在なのか

◉憲法9条で日本は軍隊を持つことができない

自衛隊の抱えている矛盾が少し見えてきたようです。自衛隊については、これまでもさまざまな議論がありました。そこでまず、日本国憲法を見てみましょう。「第2章戦争の放棄」の第9条です。

1項で戦争の放棄を定め、2項では戦力を持たないことと交戦権の否認、つまり、もう戦争はしないということが書かれています。

さらにこれを読み解いていくと、「陸海空軍その他の戦力は、これを保持しない」とあります。これはもちろん軍隊のことです。ですから、日本は軍隊を持つことができないのです。さらに、「その他の戦力」も持つことができないと書かれています。

ところが、今の日本には自衛隊があり、その自衛隊は世界の軍事力ランキングで7位に入るほどの力を持っています。これはどういうことなんでしょうか。

その疑問を解くカギが、2項の冒頭に出てくる「前項の目的を達するため」という言葉です。

日本は軍隊を持つことができない？

日本国憲法

第2章　戦争の放棄

憲法9条

日本国民は、正義と秩序を基調とする国際平和を誠実に希求し、国権の発動たる**戦争と、武力による威嚇又は武力の行使は、国際紛争を解決する手段としては、永久にこれを放棄する。**

2　**前項の目的を達するため、**陸海空軍その他の**戦力は、これを保持しない。**国の交戦権は、これを認めない。

前項にはこう書いてあります。「戦争と、武力による威嚇又は武力の行使は、国際紛争を解決する手段としては、永久にこれを放棄する」。2項は、その目的を達するために戦力は持たないと言っているのだから、国際紛争を解決する手段ではなく自衛のためならば、「何らかの力」を持つことはできるのだ。これが日本の歴代内閣の判断ということになるわけです。

ただし、戦力は持たないと決められているので、自衛隊はあくまで戦力ではないと政府は言っています。これに対して、「自衛隊は結局、軍隊だろう。軍事力だろう。憲法違反だ」と言う人もいます。

「自衛隊は憲法と矛盾している存在なのでは？」と言われるのは、結局、憲法の解釈がいろいろできるからです。

●自衛隊誕生のきっかけとなった朝鮮戦争

そもそも自衛隊はどのように誕生したのでしょうか。

1945年に第二次世界大戦が終わり、日本は終戦を迎えました。そして、日本を統治したのが、誰もが知っている、GHQ（連合国軍総司令部）のダグラス・マッカーサー最高司令官です。特にコーンパイプをくわえている姿が有名ですね。いつも写真写りを意識していたので、気取ったポーズを取っているところをカメラマンに撮影させていました。

このマッカーサー最高司令官が、終戦後、旧日本軍を解体しました。日本に完全に軍隊はなくなり、その代わり、GHQは日本各地にアメリカ軍を主体とした連合国軍

終戦後の日本を統治した人物

共同通信

連合国軍総司令部(GHQ)
ダグラス・マッカーサー　最高司令官

を駐留させました。当初、約40万人が日本に駐留していたといわれています。ところが、戦争が終わってから5年後、自衛隊ができるきっかけとなる、ある出来事が起こりました。

それが朝鮮戦争の勃発《ぼっぱつ》です。

ちょうどこの頃、世界はアメリカを中心とした西側諸国と、ソ連を中心とした東側諸国に分かれて対立していました。いわゆる東西冷戦です。その中で1950年6月25日、朝鮮半島を南北に分けていた北緯38度線を越えて、北朝鮮の大軍が韓国に攻め込みました。こうして朝鮮戦争が始まりました。

東西冷戦の時代

●GHQが「ナショナル・ポリス・リザーブをつくれ」と指示

アメリカが恐れたのは、朝鮮半島全体がソ連寄りの北朝鮮軍によって統一されてしまうことです。そこでGHQのマッカーサー最高司令官を国連軍の司令官に任命して、当時、日本に駐留していたアメリカ軍兵士、約7万5000人のほとんど全員を韓国に送り込んだのです。

となると、日本にはもう軍隊はありませんし、アメリカ軍の兵士もいない。日本を守る人たちが誰もいな

北朝鮮の大軍が韓国に攻め込んだ

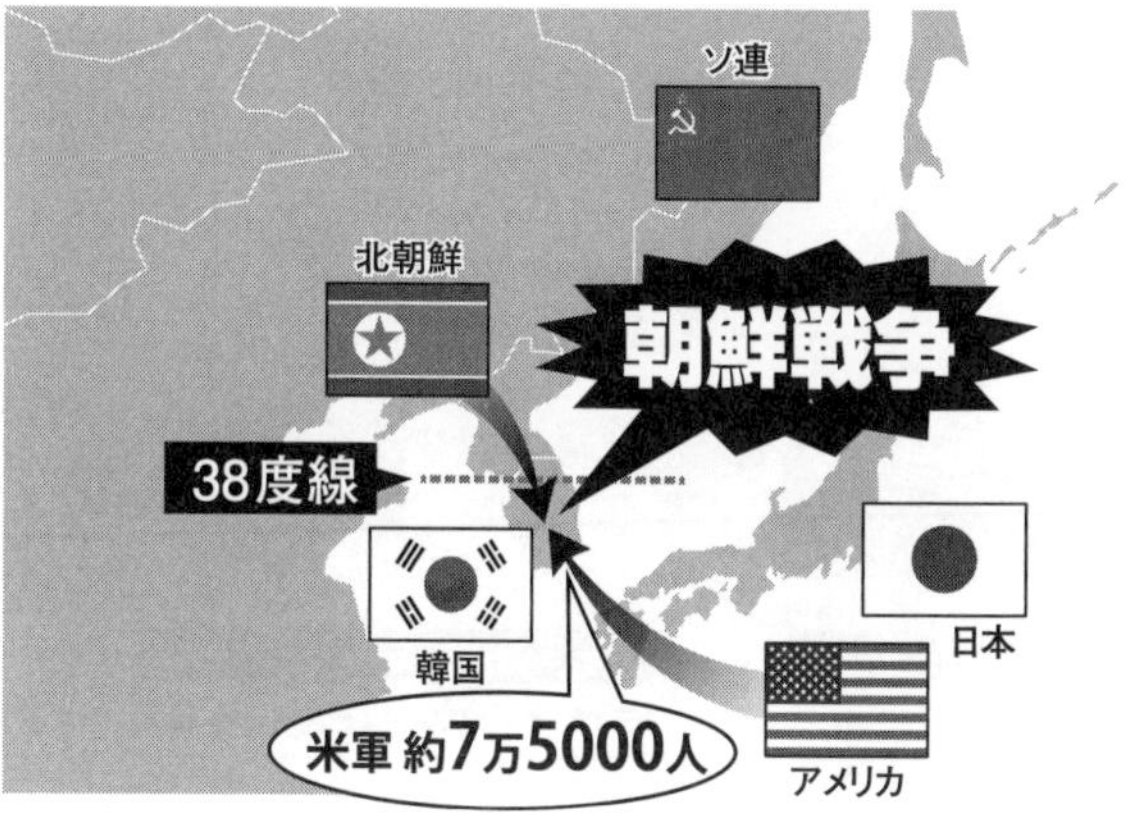

いということになります。当時のアメリカ軍兵士は、実は日本国内の治安の維持にもあたっていました。そのアメリカ軍がいないということになると、治安が悪化するのではないか、あるいは、革命を起こそうという動きをする人たちもいたので、占領政策が失敗してしまう恐れもありました。

その時、日本のすぐ北にいたのは、アメリカと対立しているソ連です。アメリカ軍が日本からいなくなったら、これを絶好のチャンスと見てソ連軍が押し寄せてくるかもしれない。そうなったらどうしようとアメリカは恐れました。

朝鮮戦争が始まった翌月に指示

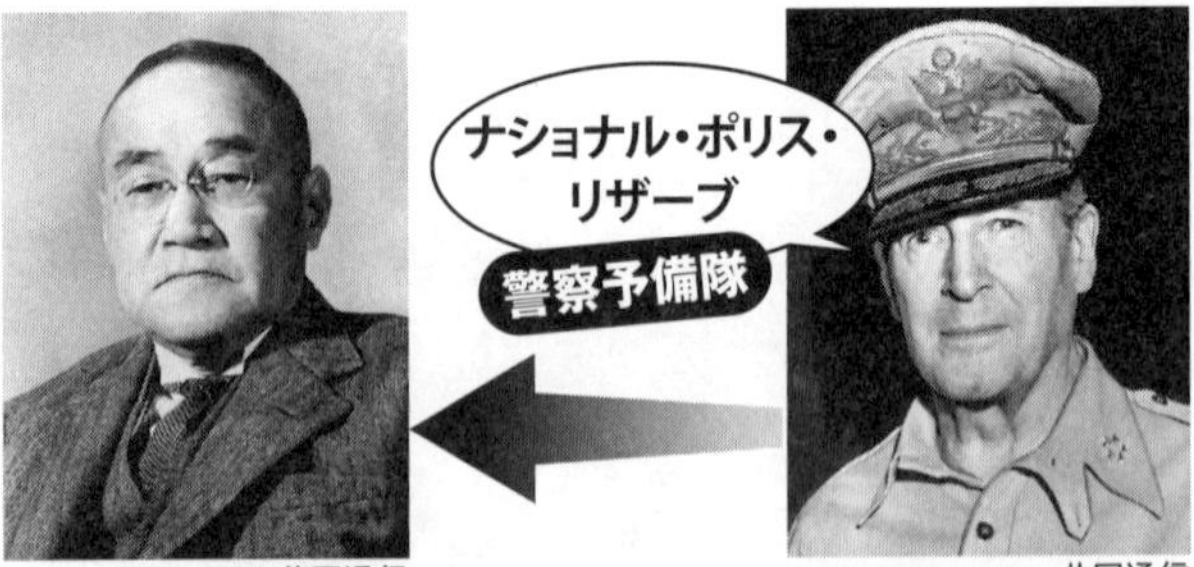

共同通信　　共同通信

第45、48〜51代
吉田 茂 首相
(在任 1946〜'47、1948〜'54)

連合国軍総司令部(GHQ)
ダグラス・マッカーサー 最高司令官

そこでマッカーサー最高司令官は、当時の吉田《よしだ》茂《しげる》総理に次のようなものをつくるようにと伝えました。

それが「ナショナル・ポリス・リザーブ」です。朝鮮戦争が始まった翌月、これをつくるように指示しました。

ところが、日本側は最初、「ナショナル・ポリス・リザーブ」と言われて「なんだこりゃ」と思ったのです。一体何のことか意味がわかりませんでした。

とりあえず付けた名前が「警察予備隊」です。ナショナル・ポリスは国家警察、リザーブは予備を意味するので、警察予備隊と名付けました。

そのあと、アメリカ軍から、こういう装備を持ちなさいという具体的で詳しい案が示されることになります。それを見て、「えっ、これは軍隊じゃないか」と日本側はビックリしました。日本は憲法9条で戦力を持たないと宣言しています。軍隊を持てと言われても、軍隊は持てないことになっている。軍隊と名乗るわけにはいかない。だから、本当は軍隊なのだけれど、軍隊とは呼ばない。まさに警察と呼びたい。ということで、警察予備隊を発足させたというわけです。

●国会をパスして政令で警察予備隊を創設

本来、こういう組織を発足させるときは、そのための法律が必要になります。法案を国会に出して国会の承認を得る手続きが必要なのですが、軍隊のようなものをつくるとなると、当然、国会で野党が反対して大混乱になることが予想されます。そこで吉田総理は、なんと警察力を補うためのものだから法律は必要ないとして、政府の命令である政令で設置したのです。

国会が休会に入り、国会が開かれていないときに、警察予備隊令を公布して警察予備隊をつくってしまいました。

そもそも軍隊を持たないという日本の憲法を作らせたのはアメリカなのに、なぜこんなことになったのか？

それはアメリカが方針を変えたからです。

太平洋戦争が終わって、アメリカとしてはもう二度とアメリカに歯向かってくることがないように、日本に軍隊を持たせないようにしました。それで日本国憲法が作られたわけですが、状況が変わってしまった。朝鮮戦争が始まり、東西冷戦の中で日本も何らかの力を持ってもらわないと困るというように、アメリカの方針が変わったのです。

こうして、マッカーサー最高司令官から「ナショナル・ポリス・リザーブをつくりなさい」という指示が出てから、わずか1カ月ほどで警察予備隊の隊員の募集が始まりました。

隊員を募集した当時の広告が残っています（写真をもとにした画）。これを見ると、中

警察予備隊員を募集した当時の広告

（イメージ）

央にハトの絵があり、「平和日本はあなたを求めている」「警察予備隊員募集」と書かれています。本当に警察官を募集しているのだと思って応募した人たちも結構いたそうです。

あの頃の日本は、失業者が多く、日雇い労働者の日当が約240円でした。1日働いても240円のときに、この警察予備隊は初任給が5000円、2年勤めれば退職金6万円が出ます。しかも衣食住は無料という条件で、非常に魅力的でした。

当然、試験による選抜があります。当時、7万5000人の募集に対して応募者は38万2000人に達したといいます。

●厳しい思想検査で軍国主義思想を持った人を排除

どんな試験だったのか気になりますね。この頃、テレビ放送はまだ本格的ではなかったので、映画館で本編映画が上映される前にニュース映画がよく上映されていました。映画を見に行った人たちは、このときのいろいろな映像でニュースを知ったのです。調べてみたところ、警察予備隊の試験の様子を取材したニュース映画がありました（読売国際ニュース「警察予備隊試験始る」製作日1950年8月21日）。ナレーションを見てみましょう。

「17日、全国一斉に試験が行われました。試験には3倍以上の受験者が集まり、体格・思想・常識にわたり試験が行われ、どうしても採用してもらいたいと熱心に頼む青年。真面目な元陸海軍の軍人と冷やかし半分の者は全く見当たらず、ひとまず仮合格した者の中から厳重に思想を調べた上で本採用が決まります。知能試験では、湯川博士、レーク・サクセスなど時事問題が多く、中にはとんだ迷答案もあって、ここにも試験ジョークを思わせる笑いの風景を見せましたが、マイクを人物考査場に持ち込んで、その風景をお伝えしましょう。

試験官『政治問題について、あなたは興味を持っていますか？』
受験者Ａ『別に何も考えてないです』
試験官『アンタはどういう人を尊敬している？』
受験者Ｂ『英雄です』
試験官『英雄って言ったって、アンタ！　英雄にもいろいろあるでしょ。内閣？　自分のお父さんはどうです？』
受験者Ｂ『尊敬しています』

尊敬している人を聞くところは、「アンタお父さんは？」と誘導している感じですね。
特に、「思想を厳しく」というのは、軍国主義思想を持った旧日本軍の軍人のような

試験の様子を取材したニュース映画があった

（イラストは映像をもとにしたイメージです）

人たちが入ってこないように、という意味です。「戦前の日本は素晴らしかった」とか「日本がもう一度、アジアの中で力を発揮したい」とか、そういうことを言わない人を選ぼうという意図があります。

◉「警察力を補う」は建前にすぎなかった

次は、警察予備隊に入隊したあとの訓練を取材した映像（「警察予備隊第一陣が入隊」製作日1950年8月23日）をもとにしたイラストです。

採用された隊員は、まず全国6カ所（札幌、仙台、東京、大阪、広島、福岡）の警察学校に集められ、そこで部隊に編成されました。その後、アメリカ軍が朝鮮半島に派兵されたことで空いた千歳、札幌、仙台、舞鶴、防府《ほうふ》、久留米の米軍キャンプに分かれて、アメリカ軍の教官から訓練を受けました。

イラストを見ると、機関銃を撃つ訓練をしています。警察なら必要ないですね。バズーカや迫撃砲《はくげきほう》などを使っている映像も残っています。

警察予備隊第一陣が入隊

実体は将来の日本の
陸上自衛隊の
基礎になるもの

参考映像：NHK

これらの武器はアメリカ軍から貸与されたものです。アメリカにしてみれば、軍隊をつくってほしいのが本音ですから、アメリカ軍の装備を渡してあげるよというわけです。

「警察力を補う」という名目でできた警察予備隊ですが、これは建前だったことがこれでわかります。実体は、将来の日本の陸上自衛隊の基礎になるものでした。

このことが明確になるにつれて国内で大論争が起きます。ただ、アメリカも日本の憲法上、軍隊はつくれないことはわかっていて、アメリカの教官は上司からあることを言い渡されていました。

「これからお前たちが教えるのは兵隊だけど兵隊じゃないんだ。だから兵隊と呼ぶな」「軍隊じゃないんだから戦車は使っていないんだ。戦車のように見えるのは特車と呼べ」

アメリカの教官が上司からそう言われていたのです。

つまり、アメリカ側がこれは軍隊ではないという建前を取っていた。教官たちは「軍隊ではないという立場で訓練しろ」と言われていたということです。そのため、しばらくの間、戦車と呼ばずに特車と呼んでいた時代もあります。

それから、2年間の務めを終えて除隊する時を取材した映像も残っています。ここでは、その映像のナレーションを見てみましょう。（読売国際ニュース、製作日1952年8月29日）

「こちらは、警察予備隊2年間の入隊期間を終えた隊員たちの除隊式。約束の退職金6万円も小切手で渡され、語り合う2年間の思い出に夜も更《ふ》けていきます。

明くれば待った除隊の日、各部隊の入り口には、6万円目当ての銀行や郵便局の出張所ができています。再び社会人にかえる人、送る隊員、昔の満期除隊を想い出す風景です。

その一人、元早大生だった横浜市のヒノ君に退職金の使い道を聞いてみました。

『退職金は6万円ありますし、それに預金もありますので、あと1年半ぐらいですから、学校は自分の力で卒業できると思っています』」

◉1954年、陸・海・空3自衛隊が誕生

1952年4月、のちに海上自衛隊となる海上警備隊が発足します。

警察予備隊は、あくまで陸上の警察という建前で将来の陸上自衛隊になり、海上警備隊は、あくまで海上保安庁の一部という建前で始まって、やがて海上自衛隊に発展していきます。これも、背景にはアメリカの指示がありました。

そして、この組織はさらに大きくなっていきます。

1952年8月、海上保安庁の中にあった海上警備隊は、ただの警備隊という名前

になります。

同年10月、今度は警察予備隊が保安隊と名前を変えるのです。

そのきっかけが1951年に日本の独立を認めたサンフランシスコ平和条約の調印です。これで日本は独立を果たすことになりますが、この平和条約を結ぶにあたって、アメリカはソ連の脅威を考えて日本に再軍備を要求しました。

しかし日本としては、憲法9条があるから軍隊はつくれない。それならば、保安庁という役所をつくって保安隊をつくろうということで、これは新しい法律によってつくるのです。海上警備隊も警備隊へと名称を変えました。このときは、さすがに法律を作って対応しています。

では、当時、国民にこの状況がどう伝えられていたのか？　それがわかる貴重な映像（読売国際ニュース「ベールをぬいだ保安隊」製作日1953年1月1日）も残っています。ナレーションを見てみましょう。

「新春を期してベールをぬいだ保安隊の新装備をご紹介しましょう。保安隊が軍備か

保安隊から自衛隊誕生へ

保安隊は戦車や駆逐艦などで装備強化され、航空機の貸与も始まり、隊員は約11万人に増強
1954年7月1日
自衛隊誕生
自衛隊発足記念式典での行進

（イラストはイメージです）

否かは、発足以来、論議の的となっていますが、これを見てそれぞれに判断してください」

ニュース映画では、保安隊が軍隊かどうかの判断は国民に委ねると言っています。

この保安隊は戦車や駆逐艦などで装備が強化され、航空機に関してもアメリカからの貸与が始まり、隊員は約11万人に増強されました。

そして1954年、今から64年前、再び名称が変わります。遂に自衛隊の誕生です。それまでの保安隊は陸上自衛隊になりました。警備隊は海上自衛隊に、そしてこのとき初めて航空自衛隊が新設されたのです。

◉防衛力増強に隠されたアメリカの思惑とは？

自衛隊の誕生の背景には、アメリカからの圧力があったと考えられます。

1953年7月、朝鮮戦争が休戦状態となりました。これによって、アメリカがつ

自衛隊発足までの歩み

1945年	**第二次世界大戦　終結**
1950年6月25日	**朝鮮戦争　勃発**
7月8日	マッカーサー最高司令官が **ナショナル・ポリス・リザーブ** 創設を日本政府に許可
8月10日	**「警察予備隊令」公布**
8月13日	**警察予備隊**　一般隊員募集（現・陸上自衛隊）
1952年4月26日	**海上警備隊**（現・海上自衛隊）発足
8月1日	**警備隊**（現・海上自衛隊）発足
10月15日	**保安隊**（現・陸上自衛隊）発足
1954年7月1日	**陸上自衛隊** **海上自衛隊** **航空自衛隊** 発足

くっていた大量の兵器が残ってしまいました。さあ、どうするか。アメリカの思惑としては、それを処分しなければいけない。そこで日本に経済支援を行う代わりに防衛力を増強しろと言って、装備を買うように求めたのではないかといわれています。

そこで、日本としても防衛力の増強を決断して新たに法律を作りました。それが自衛隊法という法律です。こうして朝鮮戦争勃発からわずか4年で自衛隊が誕生しました。

その規模も大きくなり、当時は約15万人の組織になっていきました。結局、自衛隊はアメリカの要求に押されるかたちでどんどん装備が拡大されていき、年を追うごとに徐々に巨大な組織になっていった、そういう歴史があるのです。つまり、そこにはアメリカの思惑もあったというわけです。

◉自衛隊では「大将、中将、少将」とは呼ばない

こうして誕生した自衛隊ですが、憲法9条との整合性を保つため、旧日本軍で使っていたさまざまな呼称や外国軍が使っている名称は、警察予備隊になったと同時に変えられています。軍隊のような呼び方はしていません。

たとえば陸上自衛隊普通科。これは何のことかわかりますか?

陸軍といえば歩兵です。それと同じように、陸上自衛隊といえば、一般的には歩兵部隊だよね、これが普通だよねということで、普通科という名前にしたのではないかと考えられます。憲法9条との整合性を保つために、とにかく軍隊ではないんだということで、このように違う名称に変えられました。

憲法9条との整合性を保つために、名前を変えた

陸上自衛隊 普通科

機動力や火力、接近した際の戦闘能力を持つ
地上戦闘の要となる部隊

↓

歩兵部隊

さらに、自衛官の呼び方についても、軍人とは違いがあるのです。幹部陸上自衛官の場合を見てみましょう。

上から陸上幕僚長、陸将、陸将補とありますが、この三つを外国の軍人の呼び方で言うと、日本語ではどうなるでしょうか?

防衛省のホームページには、外国軍人の場合の呼び方が一例として記載されています。それによると、大将、中将、少将に相当します。ただし、防衛省は「自衛隊と外国の軍隊では制度が異なり、正確な対比はできない」と注釈を付けており、ざっくりいえばこんな感じという程

幹部の階級呼称

防衛省HPより

軍隊（陸軍）外国軍人	陸上自衛隊 自衛官
大将	陸上幕僚長
中将	陸将
少将	陸将補
大佐	1等陸佐
中佐	2等陸佐
少佐	3等陸佐
大尉	1等陸尉
中尉	2等陸尉
少尉	3等陸尉

度に理解してください。

その下は大佐、中佐、少佐です。それをそのまま使うことはできないので、1等陸佐、2等陸佐、3等陸佐という呼び方にしました。

●政府見解に見る自衛隊と軍隊の決定的な違い

軍隊ではない自衛隊の装備について、海外で物議をかもす出来事がありました。

2014年9月、前にも述べた都庁よりも大きい最大の護衛艦「かが」と同型の「いずも」の性能試験が行われました。

そのときに中国でこんな報道があったのです。

「日本の空母『いずも』、海上試験繰り返す。攻撃型の実力備える」（中国ニュースサイト「環球網」2014年10月18日付）

この記事は、護衛艦「いずも」のことを空母と呼び、攻撃型の実力を持っていると批判しています。「いや、中国も空母を持っているんだけどね」と私は突っ込みを入れたくなるのですが……。

空母とは航空母艦の略で、飛行甲板を持ち、航空機が運用できる船のことです。写真を見ていただくとわかる通り、全通甲板といって、船の端から端まで飛行甲板として使えるようになっています。

日本の護衛艦はヘリコプター搭載型ですから、ヘリコプターを一杯に積んで航行しますが、こうやって甲板が広がっていれば、戦闘機や爆撃機をここから飛び立たせることもできるのではないか。それならば空母だろうといわれています。

これに対して防衛省は、このように説明しています。

「大規模災害や国際緊急援助にも使える多目的艦で、打撃力を持つ戦闘機を載せる構

護衛艦「いずも」は空母？

護衛艦 いずも

全長248m、最大14機のヘリ、
3.5t級トラック約50台積載可能
日本最大級のヘリコプター搭載護衛艦

2015年3月25日就役
提供：海上自衛隊

想がない」

つまり、戦闘機は載せませんよというわけです。したがって攻撃型空母ではない。さらにいうと、日本は以前、攻撃型空母を持ってはいけないという政府見解を出しています。

１９８８年に憲法9条の解釈とともに示されたのが、次の見解です。

「攻撃的兵器を保有することは、直ちに自衛のための必要最小限度の範囲を超えることとなるため、いかなる場合にも許されません。たとえば、大陸間弾道ミサイル、長距離戦略爆撃機、攻撃型空母の保有は許されないと考えて

戦闘機を載せないから、空母ではない

提供：海上自衛隊

大規模災害や
国際緊急援助にも
使える多目的艦で、

打撃力を持つ
戦闘機を載せる
構想がない

憲法第9条の趣旨についての政府見解

攻撃的兵器を保有することは、
直ちに自衛のための
必要最小限度の
範囲を超えることとなるため、
いかなる場合にも
許されません。
たとえば、大陸間弾道ミサイル、
長距離戦略爆撃機、
攻撃型空母の保有は許されない
と考えています。

防衛省HPより抜粋

います」

攻撃型空母は敵を攻撃するものであり、憲法9条の下で日本はそういうものは持てない。だからこれは空母ではありません。こういうことになるのです。

第3章

激変する世界情勢の中で拡大する自衛隊の役割

◉湾岸戦争では自衛隊派遣の要請を断った

今年（2018年）で発足して64年を迎える自衛隊。そもそも日本の防衛が任務のはずですが、世界的なある出来事がきっかけで自衛隊の位置づけや活動が変わってきています。

そのきっかけとなったのが、東西冷戦の終結です。アメリカのブッシュ大統領（父）とソ連のゴルバチョフ書記長が地中海のマルタで会談をして、東西冷戦の終結が実現しました。

これで世界に平和が訪れると期待が高まったのですが、実際には、東西冷戦時代に抑え込まれていたあらゆる対立が表面化してしまいました。これを機にさまざまな地域紛争、民族紛争が起きます。

1991年には湾岸戦争が起きました。この戦争で日本は、クウェートに侵攻したイラクに対処するため、アメリカをはじめとする多国籍軍から「自衛隊派遣をしてくれ」と強く要請されたのです。

東西冷戦の終結

1989年12月
マルタ会談

第41代アメリカ大統領
ジョージ・H・W・ブッシュ 氏

旧ソ連最後の最高指導者
ミハイル・ゴルバチョフ 氏

しかし、当時の海部《かいふ》政権は「自衛隊は軍隊ではない。海外に出すわけにはいかない」として要請を断り、「その代わりに資金提供をしましょう」と申し出ました。多国籍軍が戦うのに必要なお金は日本が出しますよということで、総額約１兆８０００億円の資金提供をしました。

湾岸戦争が終わった後、クウェートはアメリカの新聞に、イラクを追い出してくれた多国籍軍への感謝の新聞広告を出します。ところが、30カ国の名前を挙げて「解放してくれてありがとう」とお礼を言ったのに、その中に日本の名前はありませんでした（朝日新聞１９９１年3月12日付夕刊）。

資金提供するも、感謝の広告に名前はなし

30国名挙げたのに

日本の名なし

解放「ありがとう」

クウェート 米で広告

【ワシントン11日＝村松泰雄】「ありがとうアメリカ。そして地球家族の国々」。イラクからの解放を国際社会に感謝するため、クウェート政府が十一日付のワシントン・ポスト紙に掲載した全面広告の国名リストに、湾岸の当事国を除けば多国籍軍への世界最大の財政貢献国である「日本」がなかった。日本と同様、兵力の直接提供を拒んだドイツは載っている。

この広告は、ワシントンのクウェート大使館の提供によるもので、タイム、ニューズウイークなど米有力紙誌の最新号にも一斉に掲載された。米、英、仏をはじめ、貢献規模としては大きくないチェコスロバキアやアフリカ諸国まで、「砂漠の平和」に貢献した「国連に基づく国際協調」への参加三十の国名が列挙されているが、財政貢献だけの日本、それに韓国も除かれている。

このリストは、米ホワイトハウスが先に公表した戦力派遣二十八カ国に、米国とポーランドを加えたもので、ドイツについては独自の兵力派遣を拒んだものの、北大西洋条約機構（NATO）軍の一部としてトルコに航空戦力を派遣したことなどが、「参加」という位置付けにつながっている。「なぜ国際協調から日本を除いたのか、理由を調べてみるが、意図的な誤りではない」というのが、クウェート大使館当局者の説明だ。

日本政府は今のところ、この広告に対して抗議をとることを「大人げない」として、あえて静観の構えだが、この広告が「評価されない日本」「何をしようとしているのか分からない日本」のイメージを一層定着させることを恐れている。

1991年3月12日付
朝日新聞　夕刊

「実際に部隊を出さないと、感謝してもらえないじゃないか。お金だけ出して人を出さないと、結局、感謝されないじゃないか」という日本国内での議論は、ここから始まったのです。

●自衛隊初の海外派遣で掃海部隊がペルシャ湾へ

感謝の新聞広告に名前が載らなかったことは、日本政府にとってトラウマのようになって残りました。そこから「人的貢献も行うべきだ」ということになり、湾岸戦争が終わるとすぐ、自衛隊は発足

ペルシャ湾で機雷の除去・処理などを行った

掃海艇
磁気で爆発する機雷に備え木造船体であるものが多い

以来初めてとなる海外派遣でペルシャ湾に向かいました。

派遣されたのは海上自衛隊の掃海《そうかい》部隊です。この時、ペルシャ湾で海中にある機雷の除去・処理などの任務を行っています。

機雷とは、要するに海の地雷です。軍艦などの艦艇は鉄製ですから磁気を帯びており、それに感応して爆発する仕組みです。そういう機雷を安全に処分するためには、鉄製の船では駄目なのです。木造船なのですね。自衛隊の掃海艇は、磁気で爆発する機雷に備え、木造船体であるものが多く、木造船がはるばると日本からペルシャ湾まで行って機雷を除去しました。

●国連平和維持活動（ＰＫＯ）への参加を決断

さらに、「国際社会の平和は日本の安全にもつながるだろう」ということで、国連のある活動に目が向けられます。

それが国連平和維持活動です。ピース・キーピング・オペレーションズ（Peace-Keeping Operations）の頭文字を取ってＰＫＯと呼んでいます。国際紛争を未然に防ぐ、あるいは再発を防ぐ狙いがあり、国際的な平和や安全を維持するために国連の統括の下で行われる活動です。

国連ＰＫＯの具体的な活動としては、紛争の防止、停戦の監視。停戦監視は、戦争がいったん停止になっているときに、それが再び戦争にならないように監視することです。国内が非常に乱れているときは治安を維持する。戦争が終わって民主的な選挙をやりましょうというときに、選挙が本当に民主的に行われているかどうかを監視す

国際社会の平和は日本の安全にもつながる

国連平和維持活動〈PKO〉

Peace-**K**eeping **O**perations

紛争の防止・停戦の監視
治安維持・選挙監視 など

るのもＰＫＯの任務の一つです。

こういった活動に日本も参加しようということになり、１９９２年、国際平和協力法、いわゆるＰＫＯ協力法が制定されました。

ＰＫＯ参加部隊の隊員は、みんなブルーのベレー帽をかぶっています。

国連のシンボルカラーがブルーなので、ヘルメットをかぶるときはブルーヘルメットです。制服はそれぞれの国の軍隊ないし自衛隊のものをそのまま着用しますが、帽子だけは青で統一しています。国連のマークが付いている帽子をかぶるのがＰＫＯの原則です。

PKO法により、世界各地で活動ができる

1992年制定

ＰＫＯ協力法が成立して２０１８年で26年になります。この法律によって、自衛隊は紛争が終わった世界各地に海外派遣ができるようになりました。

●最初のＰＫＯ派遣は内戦終了後のカンボジア

紛争が終わった地域に派遣されても、自衛隊が危機に直面することはないのでしょうか。

憲法9条で「国際紛争を解決する手段としての武力行使」は禁じられています。そのため、派遣先で何かあったときに武力を

PKO参加5原則

1. **停戦合意**が成立していること
2. **受け入れ国などの同意**が存在すること
3. **中立性**が保たれていること
4. 上記の要件が満たされなくなった場合
派遣を中断または撤収できること
5. **武器の使用**は必要最小限とすること

使うと憲法違反になりかねないという問題があります。

そこでPKO協力法の中で「PKO参加5原則」が定められています。紛争当事者の間で停戦合意が成立していることや、受け入れ側が日本の参加に同意していること、中立性が保たれていることなどの条件を付けて、自衛隊を危険な場所に派遣しないと決めているのです。

実際に自衛隊がどこに派遣されたのか見てみましょう。最初に派遣された国がカンボジアです。カンボジアはずっと内戦が続いていたのですが、ようやく内戦が終わったことで自衛隊が派遣されることになりました。

1992年9月、初めてのPKO活動でカンボジアに自衛隊が派遣されました。任務は、内戦で荒廃した同国で停戦の監視や道路、橋の建設などを行う復興支援でした。陸上自衛隊がシアヌークビル港施設の改修工事や内戦で荒廃した国道の補修工事を行い、整備した国道は約1年間で距離にして6900メートルに及びます。

1993年7月15日、作業完了の日を迎えました。

――ひと言、仕事を終わられた感想をお願いします。

隊員 本当に、やり遂げて感激しております。ひと言です（笑）。まあ、いい思い出になったということでありますね。

無事に任務を終えたということで隊員たちも明るい感じですね。こうやって最初のPKOであるカンボジア派遣が行われました。

初めてのPKO活動でカンボジアに派遣

内戦で荒廃した国道の補修工事を行う自衛隊員

1993年7月15日
カンボジア・タケオ

いい思い出になったということでありますね

国連はPKOの役割を拡大

◉国連はPKOの役割を拡大し、実力行使を認めた

しかしその後、世界情勢の変化とともに、国連はPKOの役割を拡大することになります。

その一つが「武力紛争下の市民の保護」です。

国連は、PKOで単に停戦監視などをするだけではなく、市民の保護のために積極的に実力を行使するという新たな方針を打ち出しました。

実力を行使するということは、戦闘も辞さないということです。そういう新た

PKO派遣先

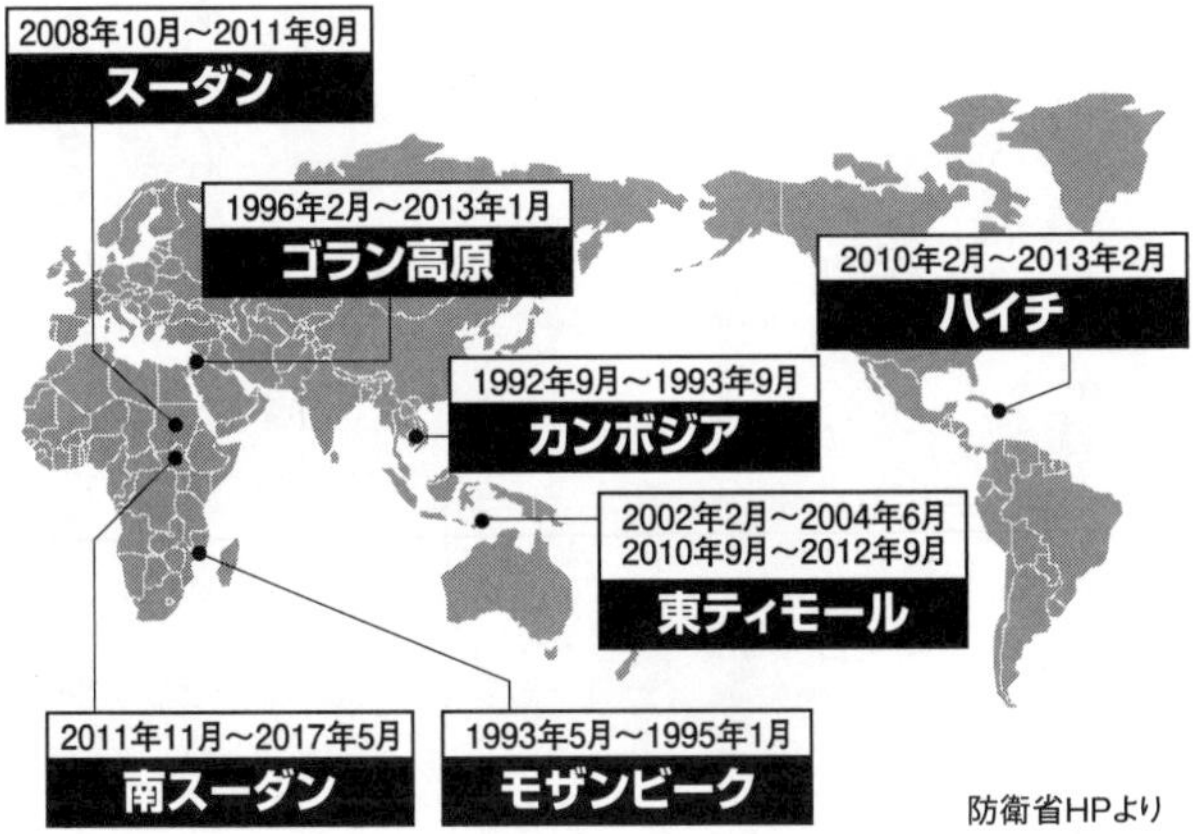

防衛省HPより

な役割を示したのです。

初めてのＰＫＯカンボジア派遣から今年（２０１８年）で26年。これまで自衛隊が派遣された国は７カ国に及びます。

中でも、２０１７年５月まで派遣されていた国が南スーダンです。２０１１年11月、南スーダンの独立に際して、道路補修など「国づくり」を支援するため、自衛隊が首都ジュバへ派遣されました。

しかし、２０１３年、政府軍と反政府勢力が武力衝突し、事実上の内戦状態に突入しました。実は日本の自衛隊も、２０１６年７月、この戦闘の危機に直面していたのです。

◉南スーダンで自衛隊は戦闘の危機と隣り合わせだった

自衛隊が駐留していたジュバで、数日間で300人以上の死者を出す大規模な戦闘が発生しました。実際に、自衛隊の宿営地のすぐそばで銃撃戦があったといわれています。

自衛隊はPKO参加5原則に基づいて派遣されているので、本来、戦闘地域にいてはいけないはずです。自衛隊はそこから引き揚げなければいけないのではないかと国会で野党が追及し、これが論議になりました。

政府は「戦闘状態ではない」「偶発的で散発的な発砲しかなかった」と発言し、問題はないという立場でした。そうした中でフリージャーナリストが、現場の自衛隊がつけている活動記録（日報といいます）の開示請求、つまり情報公開をしてくださいという要求を出します。

これに対して防衛省は、ジャーナリストに「廃棄しました」、捨ててしまったのでもう無いですと一旦は報告したのですが、その後、電子データが見つかりました。

南スーダン派遣施設隊日報

(3) ジュバ市内
ジュバ市内でのＳＰＬＡとＳＰＬＡ－１０との戦闘が生起したことから、宿営地周辺での射撃事案に伴う流れ弾への巻き込まれ、市内での突発的な戦闘への巻き込まれに注意が必要
加えて、ジュバ市内、特にＰＯＣサイトを含むＵＮハウス周辺では、両勢力による戦闘が確認されていることから、朝方からの一部の勢力による報復等行動による射撃事案、経済の悪化に伴う治安事象、窃盗事案等、巻き込まれに在留邦人の動向を含め注意が必要
(4) ウガンダ
暴動等の巻き込まれに注意が必要。　また[redacted]が出されており、空港、ショッピングモール、レストラン等人の多く集まる場所は注意が必要
(5) 活動に及ぼす影響
ア　ジュバ市外においては、突発的に抗争等が生起する可能性については、否定できず。巻き込まれに注意が必要
イ　宿営地周辺における射撃による流れ弾等に注意が必要

戦闘が確認されている

巻き込まれに注意が必要

2016年7月11日付

上に掲げたのが、問題の日報の文面です。日付は2016年7月11日。これを読むと、ジュバ市内で戦闘が確認されている、あるいは、自衛隊が巻き込まれるかもしれないから注意をしなければいけないと書かれています。

南スーダンに派遣された自衛隊は、戦闘の危機と隣り合わせだったことがこれで明らかになりました。

◉自衛隊に課せられた新任務、駆けつけ警護

それだけではありません。ちょうどこ

の頃、自衛隊に新たな任務が課せられようとしたのです。

それが「駆けつけ警護」です。

駆けつけ警護とはどういうものかというと、PKO参加中の自衛隊から離れた場所にいる国連の職員や民間NGOの職員、PKO要員、さらには日本と密接な関係にある国の兵士などが武装集団に襲われた場合、近くに他の部隊がいなければ、自衛隊が助けに向かうことができるというものです。

2015年9月の安全保障関連法、いわゆる安保関連法の成立によって、この駆けつけ警護ができるようになりました。その他にも、集団的自衛権の行使など新しい任務が、このとき自衛隊に課されるようになりました。

駆けつけ警護では、武装集団によって一方的な攻撃が行われているところに助けに行くことになるので、銃撃戦になる可能性は十分にあります。武装集団にすれば、「敵の応援部隊がやってきた」と言って自衛隊を攻撃することは十分に考えられるということです。

結局、駆けつけ警護が実施されることはありませんでした。安倍総理は2017年

駆けつけ警護

に入って自衛隊を南スーダンから撤収させる方針を決め、同年5月末には部隊全員が帰国しています。

確かに無事に帰国はできたのですが、でも、南スーダンの状況は特に変わっていません。自衛隊としては、道路の整備が終わり、役割は果たしたということで引き揚げた形になっていますが、真相はどうだったのでしょうか。もしそのまま現地に留まっていたら、いずれ武力衝突などに巻き込まれて何が起きるかわからないから、その前に撤収したほうがいいという判断をしたのではないか。そういう批判もあります。

世界情勢が変化するにつれて、自衛隊には海外派遣、駆けつけ警護など、新たな任務が加わるようになり、自衛隊員が危険にさらされるリスクは、確かに以前よりは高まってきました。

自衛隊は日本を守るために存在しているはずなのに、なぜ海外に派遣されるんだ、おかしいのではないかと指摘する声も出ています。

このPKO以外にも、自衛隊はこれまで、実に40回を超える海外派遣を行っています。たとえば、海外で大規模災害などが起こったときには、自衛隊が救援物資の空輸などを行っています。

第4章

歴代内閣は自衛隊をどうとらえてきたか

●自衛権の解釈を百八十度変えた吉田首相

自衛隊の役割の拡大について見てきましたが、こういう中で自衛隊としてはどうあるべきなのか、とりわけ今ある憲法の下で自衛隊はどのように存在してきたのでしょうか。

歴代総理・内閣がそれをどのように語ってきたか、ここで歴史を振り返ってみましょう。

1946年6月、国会（衆院本会議）で大日本帝国憲法の改正案が話し合われる中、9条に書かれた交戦権の放棄について、当時の吉田茂総理はこのように述べました。

「（新憲法）第9条第2項において、一切の軍備と国の交戦権を認めない結果、自衛権の発動としての戦争も、また交戦権も放棄しています」

吉田総理は、自分の国を自分で守る戦力、つまり自衛権を否定したのです。

ところが、1950年1月、GHQのマッカーサー最高司令官が初めて日本の自衛権を認める解釈を打ち出すと、吉田総理はこのように述べます。

新憲法9条「交戦権の放棄」について

共同通信

共同通信

「戦争放棄の趣意に徹するということは、決して自衛権を放棄するということを意味するものではないのであります」(1950年1月23日、衆院本会議)

と、前の発言を百八十度ひっくり返しました。

●変わりゆく歴代内閣の「戦力」の意味

すると今度は、憲法に記載している「戦力」の定義について、歴代内閣の発言が二転三転してきます。

警察予備隊から保安隊になったのちの1952年、吉田内閣は「戦力」を次のように定義しました。

「近代戦争遂行に役立つ程度の装備・編成を備えるもの」

つまり、吉田内閣は、保安隊は近代戦争に役立つほどの戦力にならないので、保持してもいいとしたのです。

それから20年後の1972年、保安隊が自衛隊に発展し、装備が充実してジェット

自衛隊は「戦力」？

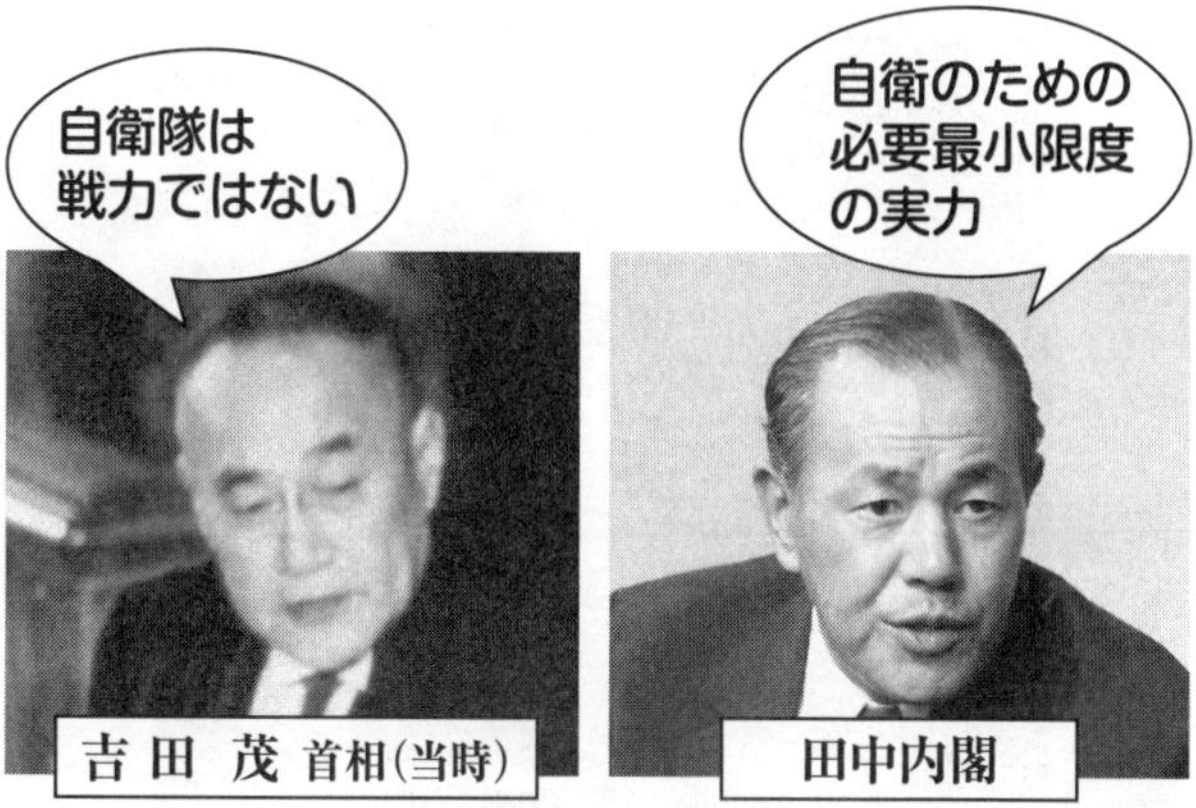
自衛隊は
戦力ではない
自衛のための
必要最小限度
の実力
吉田 茂 首相(当時)
田中内閣

共同通信　共同通信

戦闘機などを持ち近代戦を戦えるようになると、当時の田中内閣は「戦力」の定義を、近代戦争遂行に役立つ程度とは言わなくなります。

　次は、田中内閣で内閣法制局長官を務めた吉國《よしくに》一郎《いちろう》氏の答弁です。

「『戦力』について政府の見解を申し上げます。『戦力』とは広く考えますと、文字通り『戦う力』ということでございます。そのような言葉の意味だけから申せば、一切の実力組織が戦力に当たるといってよいでございましょうが、憲法第9条第2項が保持を禁じている『戦力』は、右のような言葉の意味通りの『戦力』の

歴代内閣とは違う発言

小泉純一郎 首相(当時)

共同通信

うちでも、自衛のための必要最小限度を超えるものでございます」

これ以降、自衛隊は「戦力」ではなく、「自衛のための必要最小限度の実力」と説明されるようになります。

ところが、それから30年が経った2002年5月、小泉《こいずみ》純一郎《じゅんいちろう》総理は衆議院でこのように答弁しました。

「自衛隊について、解釈の点において一切の『戦力』は保持してはならないということを言っていますけども、果たして『自衛隊が戦力でない』と国民は思っているでしょうか。多くの国民は『自衛隊は戦力だ』と思っているのは、常識的に

考えてそうだと思いますね」（2002年5月7日、武力攻撃事態対処特別委員会）

それまでの歴代内閣が、自衛隊は「戦力」ではないと説明してきたことを、小泉総理は「国民は戦力だと思っている。これが常識だ」と発言したのです。

◉安倍総理は憲法9条をどう変えたいのか？

では、今の安倍晋三総理は憲法9条についてどう考えているのでしょうか。安倍総理の考えについて、総理になる前と最近の発言を比べてみました。

2012年11月30日、総理大臣になる前、自民党総裁のときの安倍総理は、党首討論会でこのように述べています。

「もし（海外で）交戦状態になって自衛隊員が捕虜になっても、捕虜として扱われるには軍でなければならないんです。軍でなければ、ただの人殺しとして、そこで射殺をされるという可能性もありますから、『海外からは軍として認められています』と答弁してきた。国内に向かっては『軍ではない』。もうこういう詭弁《きべん》は、憲法を改正して、

憲法9条の考え方の変化

2012年
自衛隊を
軍隊として
位置づける
自民党 安倍晋三 総裁

共同通信

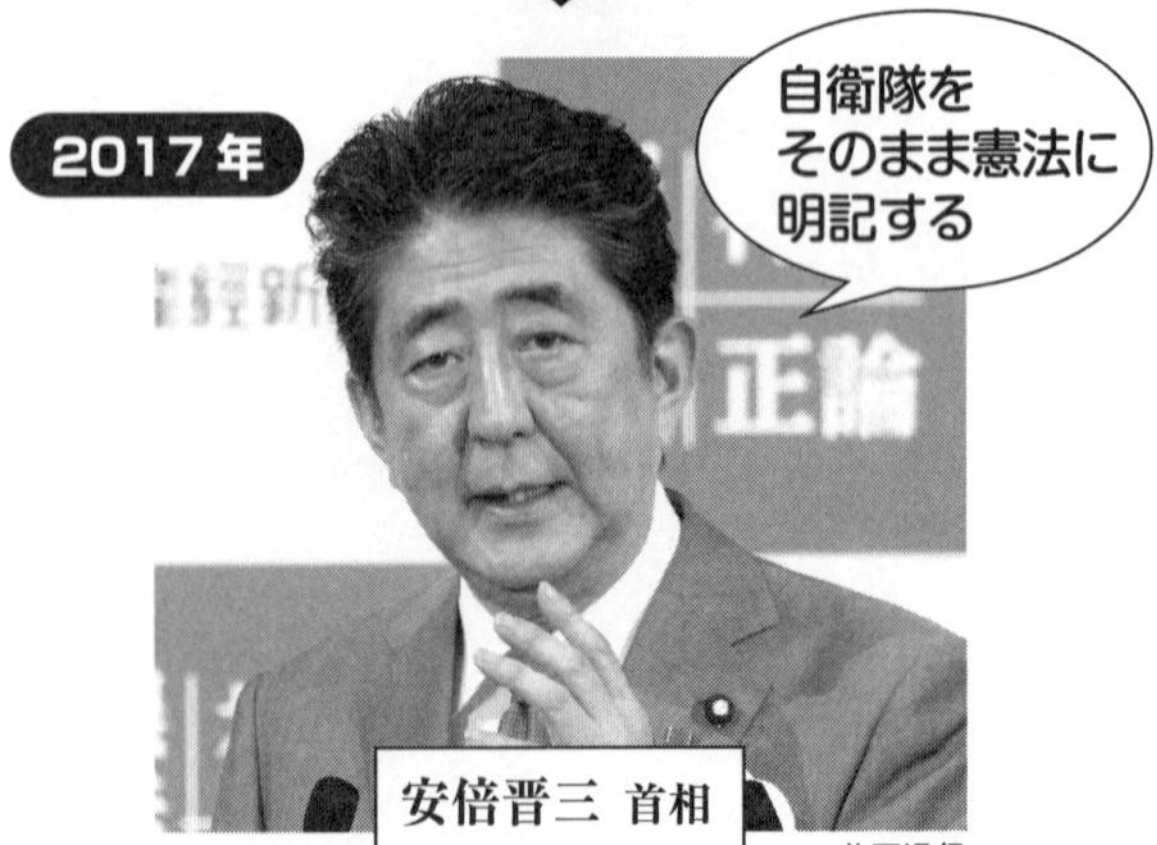
2017年
自衛隊を
そのまま憲法に
明記する
正論
安倍晋三 首相

共同通信

私は『やめるべきだ。自衛隊に対して失礼である』とこう考えます」
そして2017年6月24日、安倍総理はこのように話しています。
「現在の自衛隊を憲法にしっかりと位置付け、『合憲か？』『違憲か？』といった議論は、終わりにしなければなりません。現在の9条1項・2項はそのまま残しながら、現在ある自衛隊の意義と役割を憲法に書き込む。そうした改正案を検討いたします」（神戸市中央区、講演会）
総理大臣になる前の自民党総裁のときは、「憲法を改正する」と言って、自衛隊を国防軍、軍隊として位置付けるべきだと主張していたのが、今は軍隊ではなくて、自衛隊をそのまま憲法に書き込めばいいだろうというふうに、言っていることも変わってきています。

◉憲法と自衛隊について4つ目の解釈を提示

これまで憲法と自衛隊について三つの考え方がありました。

憲法と自衛隊についての考え方

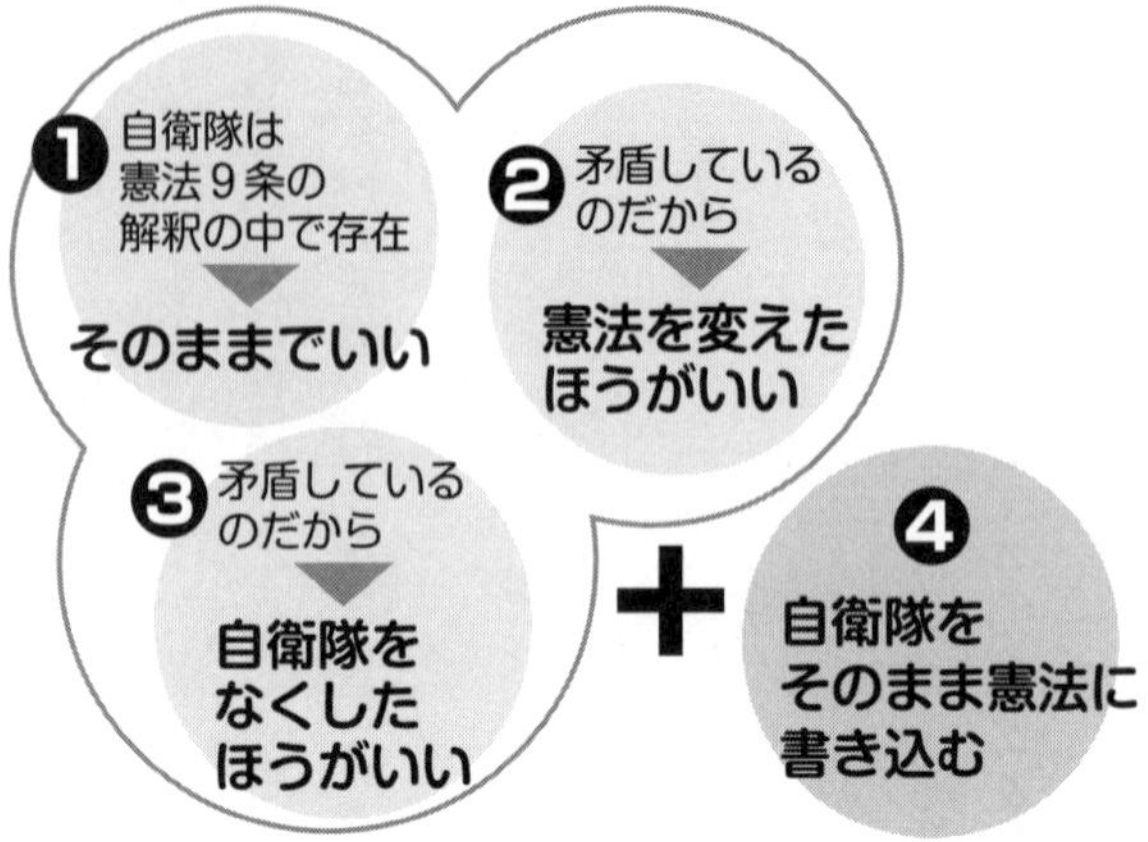

1 自衛隊は憲法9条の解釈の中で存在
そのままでいい
2 矛盾しているのだから
憲法を変えたほうがいい
3 矛盾しているのだから
自衛隊をなくしたほうがいい
＋
4 自衛隊をそのまま憲法に書き込む

一つ目は、自衛隊は憲法9条の解釈の下で存在してきたのだから、そのままでいいという考え方。

二つ目は、これは矛盾しているのだから憲法を変えたほうがいいという考え方。

三つ目は、矛盾しているのだから自衛隊をなくしたほうがいい。たとえば国土防衛隊のような、災害が起きたら出動するような部隊にしたらいいのではないかという議論。

この三つだったのですが、今の安倍総理は四つ目の解釈として、自衛隊をそのまま憲法に書き込むという新たな論点を提示しました。今まさに「9条の内容はそのままにして自衛隊を明記したらどうか」ということを、これから議論していこうじゃないかというわけです。

第5章

暴走する北朝鮮が日本を狙う?
北朝鮮軍の実力

◉日本を「千年来の敵」と公言

国際情勢の変化で自衛隊の役割が大きくなる中、日本には新たな危機が迫っています。それが核・ミサイル開発を推し進める北朝鮮の動きです。

最近は毎日のように北朝鮮についての報道があります。これだけ頻繁に報道されるとかえって慣れてしまうところもありますね。

2017年5月に韓国に取材に行ったとき、「北朝鮮がまた言ってるよ」「いつものことだから」「単に脅しているだけだから」という声をたくさん聞きました。

日本人にしてみれば、北朝鮮が言っていることは普段、聞き慣れていないので、びっくりするわけです。びっくりして「大変だ、大変だ」とおびえてしまうのですが、韓国の人たちは「あれが北朝鮮の言い方なんだよ」と聞き流している部分もあるのです。

そう考えると、あまり真に受けるのはむしろ危険なのかもしれません。ただし、あれだけ好戦的なことを言っている以上、私たちとしてもやはり、万が一の時のことを考えておく必要があります。

そこで北朝鮮の動きを見ていくことにしましょう。実は、日本に対して非常に過激な敵対発言をしています。

2017年4月に北朝鮮の労働新聞が掲載した記事を一部引用します。

「朝鮮人民は日本が働いた過去罪悪の代価を100倍・1000倍にして払わせる」

「日本は我が人民にぬぐえない反人倫的な罪悪だけを働いた千年来の敵である」

こう書かれています。

「千年来の敵」とは何のことかといえば、豊臣秀吉の朝鮮出兵が1592年です。あるいは、1910年から36年間、日本が朝鮮半島を統治していた。そういう歴史の背景から日本を「千年来の敵」と呼んでいるのです。

◉「日本を焦土化する」発言に見え隠れする本音

さらに、2017年6月のテレビニュースではこんなことも言っています。

「日本が自国の安保を不安に思うならアメリカの犬になり動き回るのではなく、北朝

テレビなどでは過激な敵対発言を繰り返す

有事の際、
アメリカより先に
日本列島が
丸ごと焦土化
されることもある
2017年6月8日
朝鮮中央テレビ

鮮に対する敵対政策を撤回し、領土内のアメリカ軍基地を排除すべきだ。今のように日本が我々の拳の前で意地汚く暴れるなら、有事の際、アメリカより先に日本列島が丸ごと焦土化されることもある」（2017年6月8日、朝鮮中央テレビ）

「日本を焦土化する」とは、すごい表現ですね。日本への攻撃も辞さないという言い方です。

しかし、北朝鮮という国はそもそもこういう言い方をするんだという分析もあり得るわけです。要するに、「日本はあまりアメリカに協力しないでほしい」と言っているにすぎない、それが彼らの本音なんだという解釈もできるのです。

ただ、こういう過激な言い方をされると、日本としても危機感が募《つの》ることになります。特に2017年に入ってから北朝鮮は軍事パレードを行い、ミサイル発射実験も頻繁に実施して、日本列島を飛び越えてミサイルを発射しています。9月には6回目の核実験も行いました。

◉「既に核の小型化に成功している」という見方も

では、北朝鮮の軍事力は一体どれくらいのものなのか？　北朝鮮の主な軍事力は三つ、第一に兵力、第二に長距離砲、第三に核兵器です。

一番目の兵力は、陸・海・空軍など合計約119万人。その兵力の中でも北朝鮮が力を入れているのが約10万人いるとされる特殊部隊です。

北朝鮮の特殊部隊は、アメリカの特殊部隊であるグリーンベレー（陸軍）やネイビーシールズ（海軍）と同等の実力があるともいわれています。その中には、日本語を操る

1 兵力

2 長距離砲

3 核兵器

対日戦部隊も１０００人以上いるといわれています。

二番目は、かつて「ソウルを火の海にできる」と豪語した長距離砲です。北朝鮮が保有するのは、世界最大の長距離砲「コクサン」。北朝鮮は韓国を狙う多種類の長距離砲を約１０００門、保有しているといわれています。

そして三番目、最も恐るべき軍事力は核兵器です。北朝鮮は過去6回、核実験を行っています。金正日《キムジョンイル》総書記のときは2回でしたが、現在の金正恩《ジョンウン》委員長になってからは4回行っています。

北朝鮮が核実験を行う大きな目的は、

北朝鮮の軍事力 2

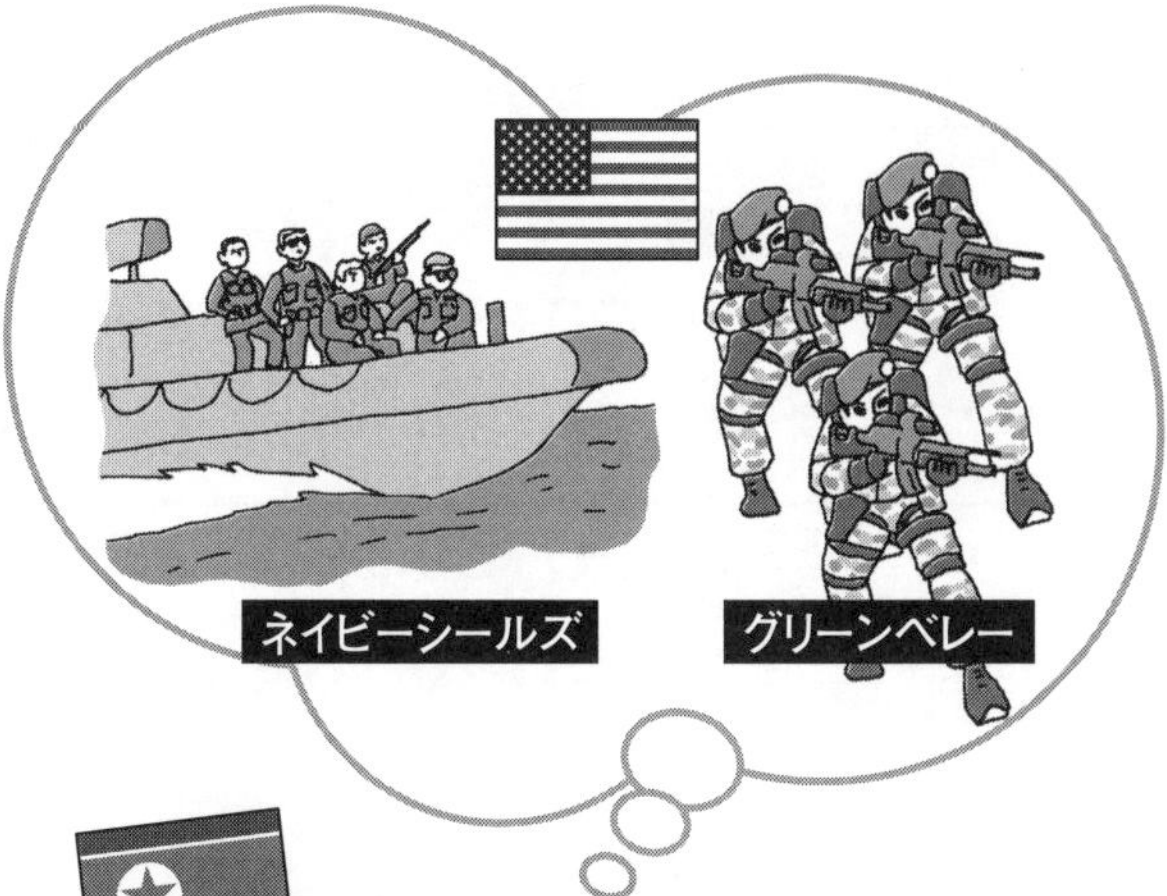

北朝鮮の特殊部隊は米国の特殊部隊と同等の実力があるともいわれている

特殊部隊　約10万人

コクサン

北朝鮮が有する世界最大の長距離砲

北朝鮮が行った核実験

金正日総書記

金正恩委員長

1回目	2006年10月 9日
2回目	2009年 5月25日
3回目	2013年 2月12日
4回目	2016年 1月 6日
5回目	2016年 9月 9日
6回目	2017年 9月 3日

核をミサイルの弾頭に付けられるように小型化すること。そのための実験を何度も繰り返しているわけです。

次のページの写真を見てください。これは２０１６年３月に労働新聞の１面を飾った写真です。核爆弾の爆縮装置と見られる銀色の球体を前に、金正恩委員長が指導する様子が写されています。

よく「核の小型化」といいますが、実際にこの程度まで小さくすれば、ミサイルの先端に積むことができるので、これくらいの大きさを目標にして実験が行われているだろうとみることができます。

この銀色の球体が本物かどうか、本当に

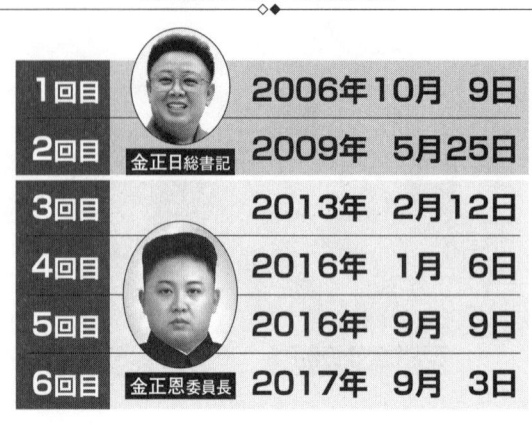

核爆弾を小型化するために実験を繰り返す

共同通信

北朝鮮はすでに核弾頭を保有している?!

北 核弾頭20発保有か

スウェーデンの研究所報告

【ロンドン＝角谷志保美】スウェーデンのストックホルム国際平和研究所（SIPRI）は3日、世界の核軍備に関する報告書を発表した。北朝鮮の保有核弾頭を10～20発と推計、「兵器級プルトニウムの保有量が増加している」と指摘した。昨年の報告書での保有核弾頭数の推計は10発だった。

最新の報告書は北朝鮮について「米本土に届く長距離弾道ミサイルの開発を優先的に進めている」との見方を示した。

また、2016年と17年の軍事パレードの写真を分析し、「移動式の大陸間弾道ミサイル（ICBM）2基を開発中の可能性がある」と指摘した。

米露仏中英にインド、パキスタン、イスラエル、北朝鮮を加えた世界9か国が保有する核弾頭数（今年1月時点）は推計1万4935発で、昨年より460発減った。しかし報告書は「全ての核保有国が核兵器の近代化に取り組んでおり、近い将来放棄する準備のある国はない」としている。

2017年7月4日付 読売新聞

核の小型化に成功したのかどうかははっきりしませんが、少なくとも、こういうものを造ろうとしていることは間違いない。そして、こんな報道も出ています。

２０１７年7月、スウェーデンのストックフォルム国際平和研究所が、世界の核軍備に関する最新報告書を公表しました。その中で北朝鮮は同年1月時点で、推定で10発から20発の核弾頭を保有しているという分析結果を明らかにしています（読売新聞2017年7月4日付）。

北朝鮮は、核兵器を既に持っているのではないか、ということです。

●「火星14型」ICBMはアメリカ本土を狙っている

その核兵器を敵の国に運ぶ手段と考えられているのが弾道ミサイルです。

もし日本が狙われるとすると、どこが狙われるのか？

それを知る前に、北朝鮮が保有している主な弾道ミサイルの種類を見てみましょう。

１７８ページの上図に示した通り、射程距離の違いによってこれだけの種類があります。

２０１７年7月には、**新型弾道ミサイルの発射実験***が行われました。7月４日に発射されたのは「火星14型」という射程距離の長いＩＣＢＭ（大陸間弾道ミサイル）です。同じ月の28日にも同型のミサイル発射実験が行われ、その際、朝鮮中央通信は「アメリカ本土全域を射程に収めた」と伝えました。

***新型弾道ミサイルの発射実験**＝防衛省によると、２０１７年7月4日に北朝鮮から東の方向に発射された弾道ミサイルは、約40分間にわたり約９００キロ飛行し、日本の排他的経済水域（ＥＥＺと略。沿岸から最大で約３７０キロの範囲内に設定され、沿岸国が水産資源や天然資源などに独占的な権利を持つ海域）内の日本海に落下した。高度は２５００キロを大きく超えたとみられる。

同7月28日、北東方向に発射された弾道ミサイルは、約45分間、約１０００キロ飛行し、北海道積丹《しゃこたん》半島の西約２００キロ、奥尻島《おくしりとう》の北西約１５０キロの日本のＥＥＺ内の日本海に落下した。高度は３５００キロを大きく超えたとみられる。

北朝鮮が保有する主な弾道ミサイル

「平成28年度　防衛白書」などを基に作成

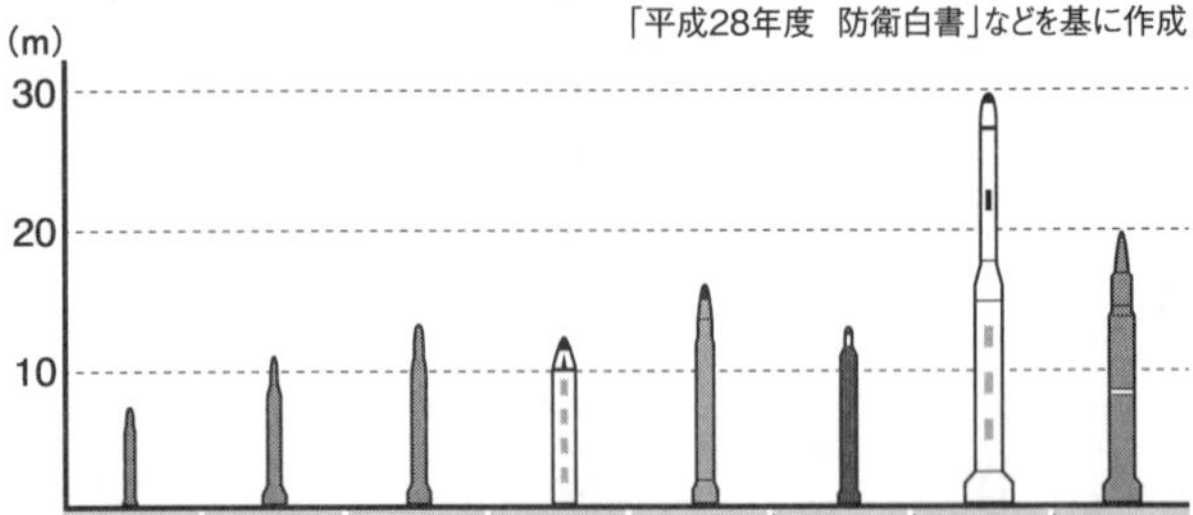

	トクサ	スカッド B・C	スカッド ER	北極星 2型	ノドン	ムスダン	テポドン2	火星14型
射程	約120km	約300〜500km	約1000km	約1200km	約1300km	約2500〜4000km	約6000km以上	約5500〜10000km

2017年7月28日に発射された「火星14型」　共同通信

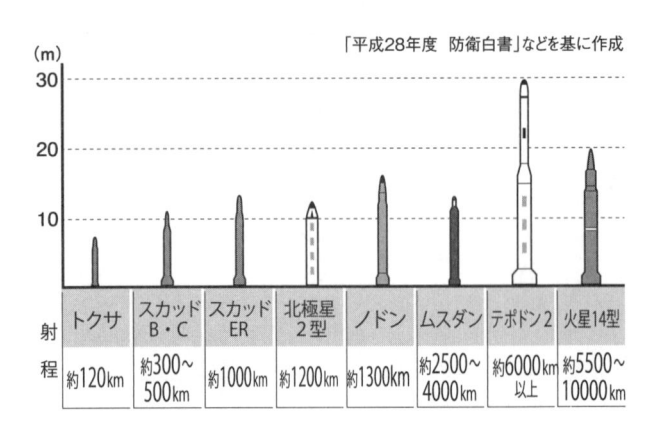

この北朝鮮が持つ弾道ミサイルのうち日本を射程に収めているのは、「スカッドER」「北極星2型」「ノドン」「ムスダン」の4種類のミサイルです。

これらが日本の脅威となる弾道ミサイルですが、北朝鮮は最近、その脅威をさらに増す発射実験を行いました。2017年3月6日のミサイル実験で異例の**4発連続発射***をしたのです。

＊**4発連続発射**＝北朝鮮から東の方向にほぼ同時に発射され、いずれも約1000キロ飛行して秋田県男鹿《おが》半島の西約300～350キロの日本海上に落下。4発のうち3発が日本のEEZ内だった（防衛省発表）。

●日本が狙われるとき、標的となるのはどこか？

このとき使われた弾道ミサイルは「スカッドER」で、射程は約1000キロと日本にも届く能力を持っています（注・西日本が射程内に入る）。これによって連続多発ミ

日本を射程に収めている４種類のミサイル

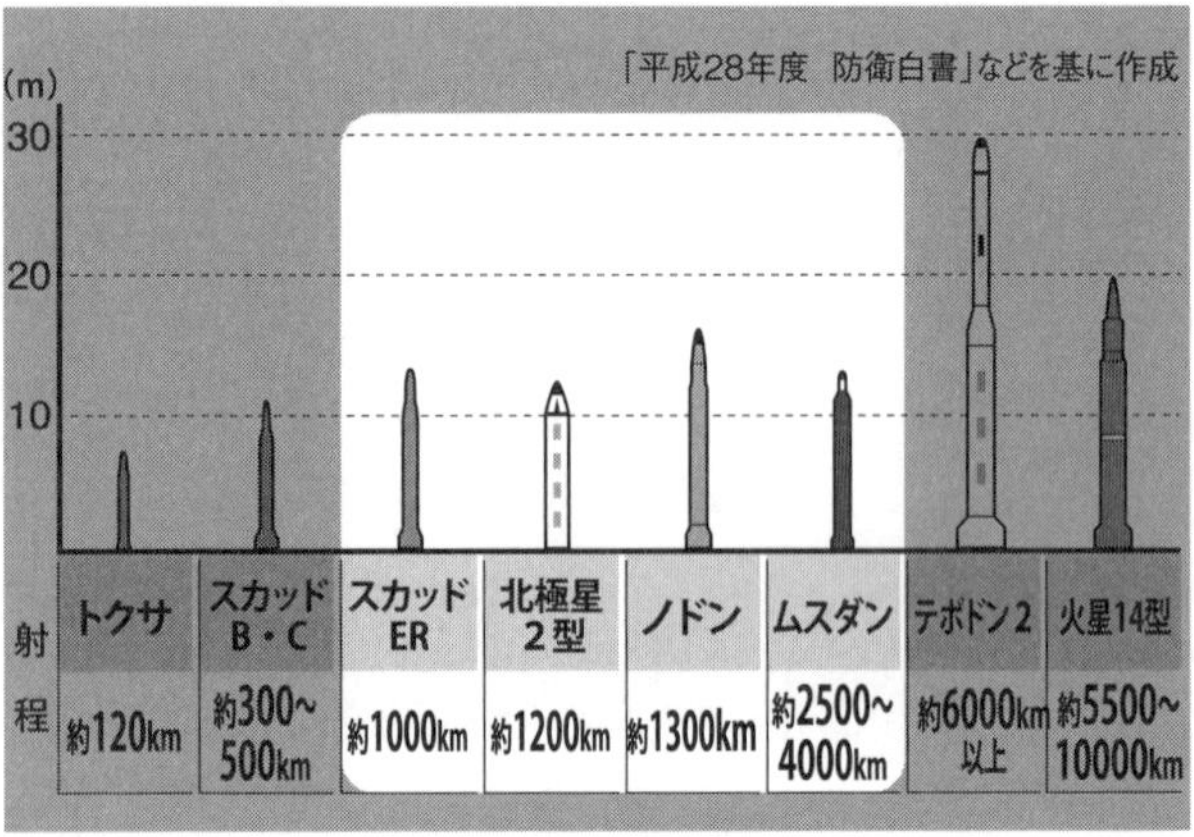

サイル攻撃の可能性が出てきました。つまり、一挙にたくさんのミサイルを撃ち込めば、迎撃するのが困難になるだろうと考えているということです。

北朝鮮はこうした弾道ミサイルを全部合わせて１０００発以上、持っているといわれています。

では、実際にもし日本が狙われるとすると、どこが狙われるのか？

いま取り上げた4連続発射実験の３日後（3月9日）、北朝鮮の朝鮮中央テレビはこのような報道をしています。

「我々は朝鮮人民軍戦略軍の今回の弾道ミサイル発射訓練が、アメリカ軍主導の

４発の弾道ミサイル連続発射

2017年3月6日　共同通信

侵略的な核戦争騒動に対処した訓練であり、有事の際、日本にあるアメリカ軍基地を攻撃目標とした訓練だったことを隠さない」

日本が攻撃される際は、日本にある米軍基地が真っ先に狙われることがこれでわかります。

◉万が一の事態に備え、日本政府も広報ＶＴＲを制作

こういう北朝鮮の活発な動きを日本政府も警戒して、２０１７年６月にはテレビでこんな放送が流れるようになりました。

「政府から、お知らせします。弾道ミサイルが日本に落下する可能性がある場合、『Jアラート』（全国瞬時警報システム）を通じて屋外スピーカーなどから国民保護サイレンと緊急情報が流れます。屋外では頑丈な建物や地下に避難を。近くに建物がなければ、物陰に身を隠すか、地面に伏せて頭部を守る。屋内では窓から離れるか、窓のない部屋に移動を。お問合わせは、内閣官房、消防庁、または自治体へ」

北朝鮮の弾道ミサイルが日本に落下する恐れがある場合の行動に関する日本政府の広報告知です。

もっとも、これを出されても、「どこに逃げたらいいかわからない」「かえって不安が募る」といった批判もあるのですが。

◉いきなり日本が攻撃されることはあるのか？

ここで押さえておきたいのは、もし北朝鮮がどこかを攻撃するとなれば、アメリカ軍が反撃すると北朝鮮はわかっているわけです。そんなときに「まず日本から攻撃し

「Jアラート」が流れたら…

屋外にいる場合

頑丈な建物や
地下に避難して
ください

近くに建物がない場合

物陰に身を隠すか、
地面に伏せて
頭部を守って
ください

屋内にいる場合

窓から離れるか、
窓のない部屋に
移動してください

ますか?」という話です。

北朝鮮にとって一番怖いのはアメリカです。狙うとすれば、まずは日本海にいるアメリカ軍の空母であり、韓国にあるアメリカ軍基地であり、次は韓国軍です。

その次にくるのが日本にあるアメリカ軍基地です。このように考えれば、優先順位はずっと下になります。

そして、もし日本にいきなり攻撃を仕掛けたら、当然、アメリカ軍の反撃を受けることになり、そのときは北朝鮮という国が地上から消えて無くなることは、彼らもわかっています。

だとすると、いきなり日本にミサイルが飛んでくるということは、あまり考えないほうがいいのではないか。「不安だ、不安だ」と心配を募らせるのではなく、もう少し冷静に見たほうがいいだろうと思うのです。

北朝鮮も、限られた数のミサイルをどのように使うかは、当然、優先順位はあるはずです。日本の優先順位は他よりも低いということは、とりあえず知っておいたほうがいいでしょう。

第6章

ミサイル攻撃のXデー
その時日本はどうなる!?

～北朝鮮VS自衛隊　10分00秒完全シミュレーション

◉日本への到達時間はわずか10分

あってはならないことですが、ここからは、もし北朝鮮が本当に日本に向けて弾道ミサイルを発射したら、どのようなことが考えられるだろうかということを見ていきます。

北朝鮮から弾道ミサイルが発射された場合、日本への到達時間は約10分といわれています。

この10分の間に、日本政府はどうやってミサイルの発射を知り、そのことを国民に伝え、そして自衛隊はどう日本を守るのか？

そこで、現在報じられているさまざまなニュースや情報、特にアメリカの北朝鮮分析機関「38ノース」が発表した弾道ミサイル「北極星2型」の情報、さらに専門家からのアドバイスなどをもとに、番組が独自にミサイル発射から迎撃までをシミュレーションしてみました。それを私が解説してみようというわけです。

あなたは10分という時間は、どのくらいだと思いますか？　あっという間だという

もし北朝鮮が日本に向けてミサイルを発射したら

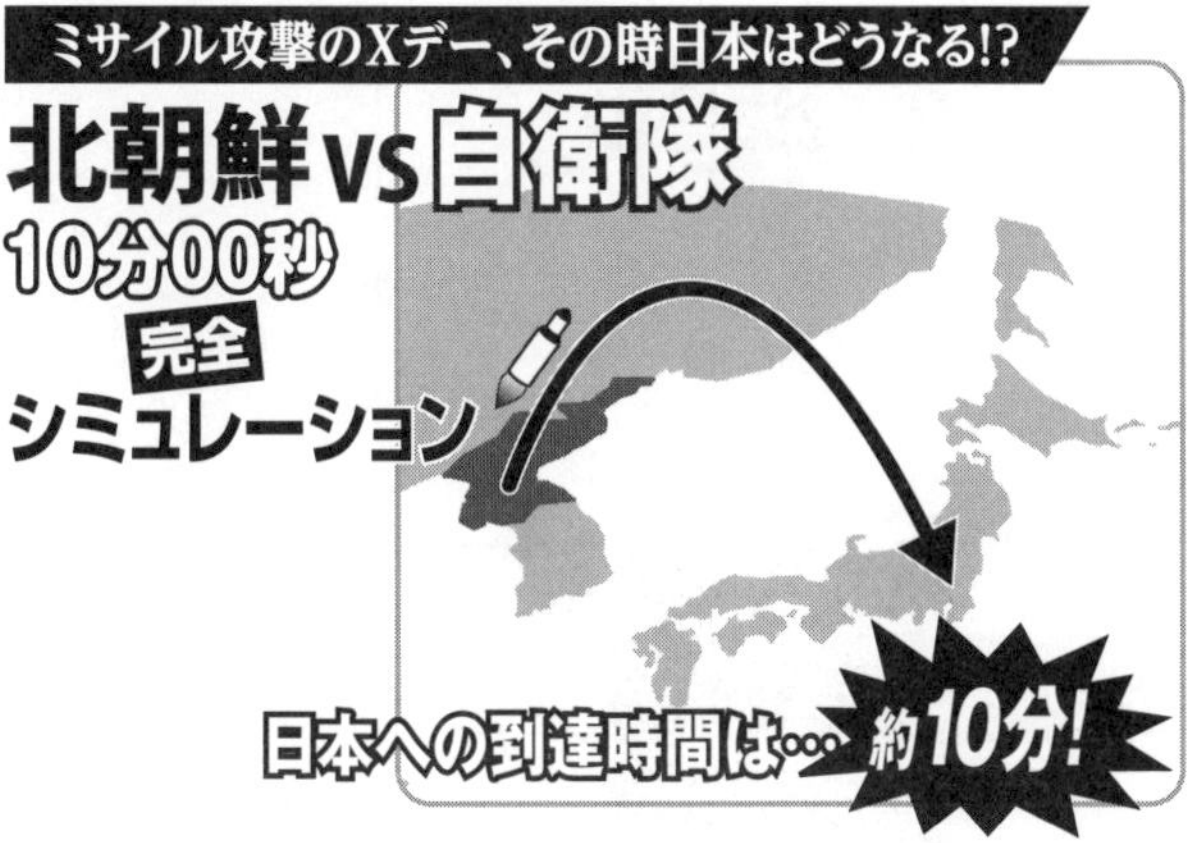
ミサイル攻撃のXデー、その時日本はどうなる!?
北朝鮮vs自衛隊
10分00秒
完全
シミュレーション
日本への到達時間は…約10分!

こともあれば、10分は長いなと思うこともあるでしょう。ミサイルが発射されてからの約10分は一体どんな感じなのか、これから私と一緒に体験していきましょう。

◉北朝鮮が弾道ミサイルを発射――日本着弾まで10：00

北朝鮮が弾道ミサイルを発射し、上空へと打ち上がっていきます。日本着弾まで約10分。カウントダウンが始まりました。自衛隊は、このわずか10分間にミサイル防衛を行わなければなりません。

アメリカ軍の早期警戒衛星が24時間監視

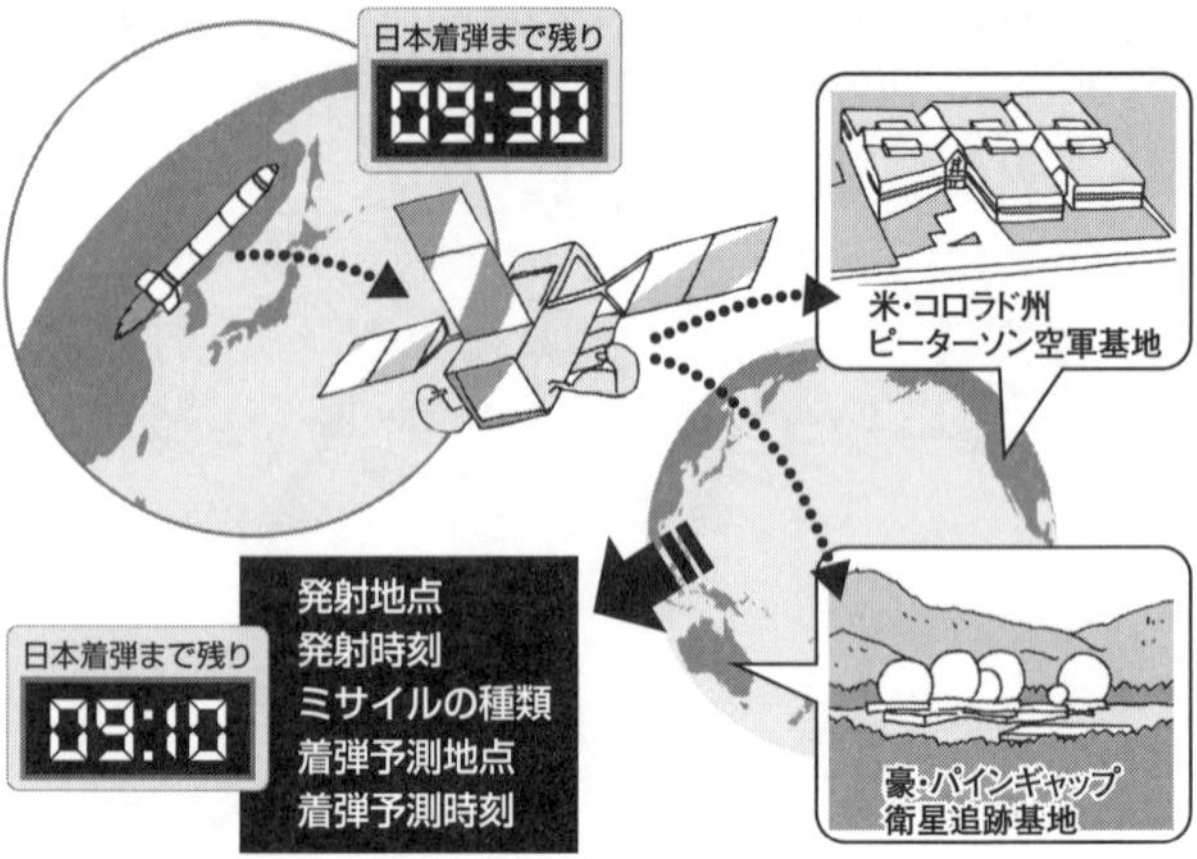

どうやってミサイルから日本を防衛するのでしょうか。北朝鮮の弾道ミサイルを最初にキャッチするのは、アメリカの早期警戒衛星です。アメリカは、この衛星の赤外線センサーで24時間、北朝鮮のミサイル発射を監視しています。

この衛星がミサイルをキャッチすると、その情報はアメリカ本土の米軍基地とオーストラリアにある衛星追跡基地に送られて、発射地点、発射時刻、ミサイルの種類、着弾予測地点、着弾予測時刻の五つの情報を割り出します。

◉狙われたのは首都・東京か？——日本着弾まで09：00

弾道ミサイルの情報が日本に入るのは、発射から1分以内と想定されています。在日米軍基地を通じて、防衛省と、弾道ミサイル防衛の指揮を執る航空総隊司令部に情報が届きます。

その情報から今回の着弾予測地点は、横田基地などの米軍施設がある首都圏であることがわかりました。

この情報で通常なら、防衛大臣は安倍総理の承認を得て自衛隊に破壊措置命令を出します。

しかし、状況が差し迫っている現在は、持続的に破壊措置命令を出しておく常時発令の状態になっています。

弾道ミサイルの迎撃には三つの段階があり、ミサイルが打ち上がっていく第1段階では自衛隊は迎撃しません。

日本へは発射から1分以内で情報が入ると想定

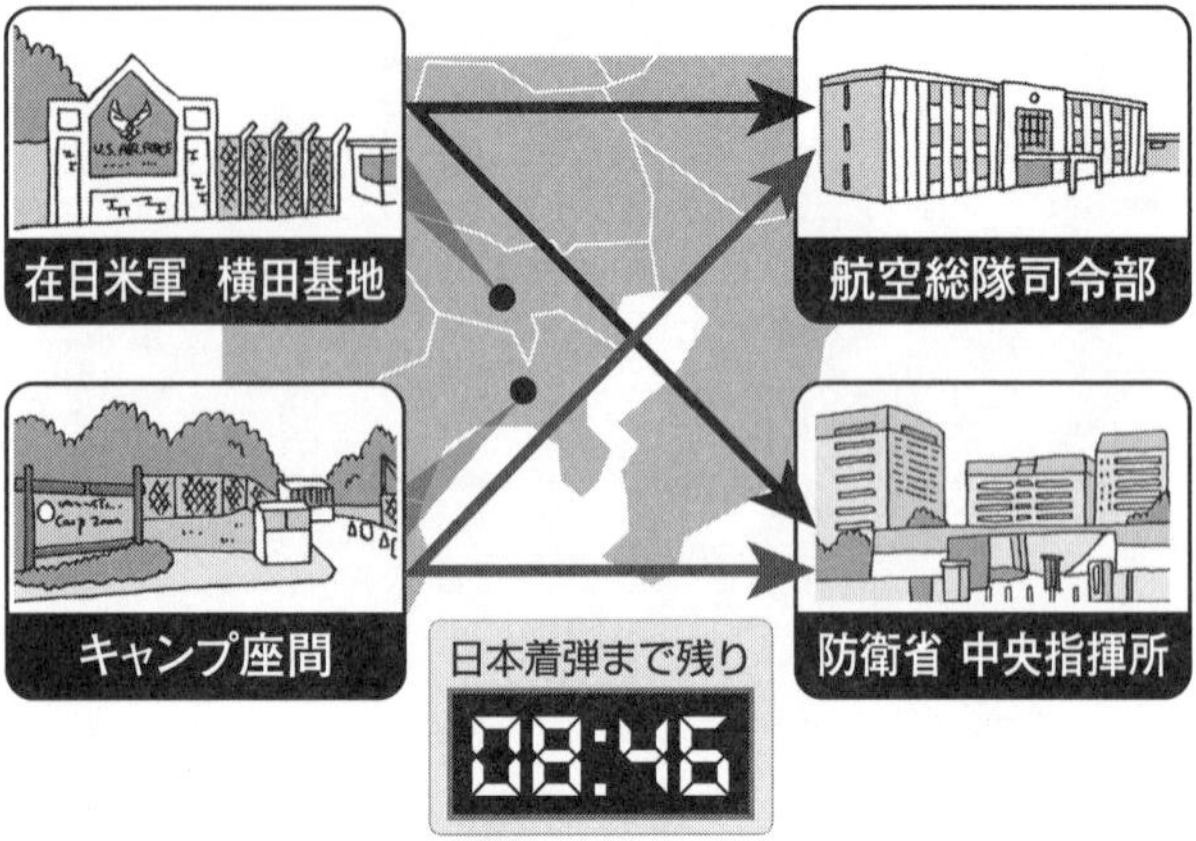

現在は常時発令の状態

◉弾道ミサイルは宇宙空間を飛行 ——日本着弾まで08：00

北朝鮮の弾道ミサイルは、ロケットエンジンの噴射が終わり、今、大気圏の外に出ました。

ここからが弾道ミサイル迎撃の第2段階です。宇宙空間を飛行する弾道ミサイル、または分離した弾頭を迎撃します。

弾道ミサイルは、大気圏の高層、つまり空気抵抗の少ない大気圏と宇宙の間、あるいは空気のない宇宙空間を飛行していきます。

弾道ミサイルは、基本的に放物線を描

宇宙空間を飛行する弾道ミサイル

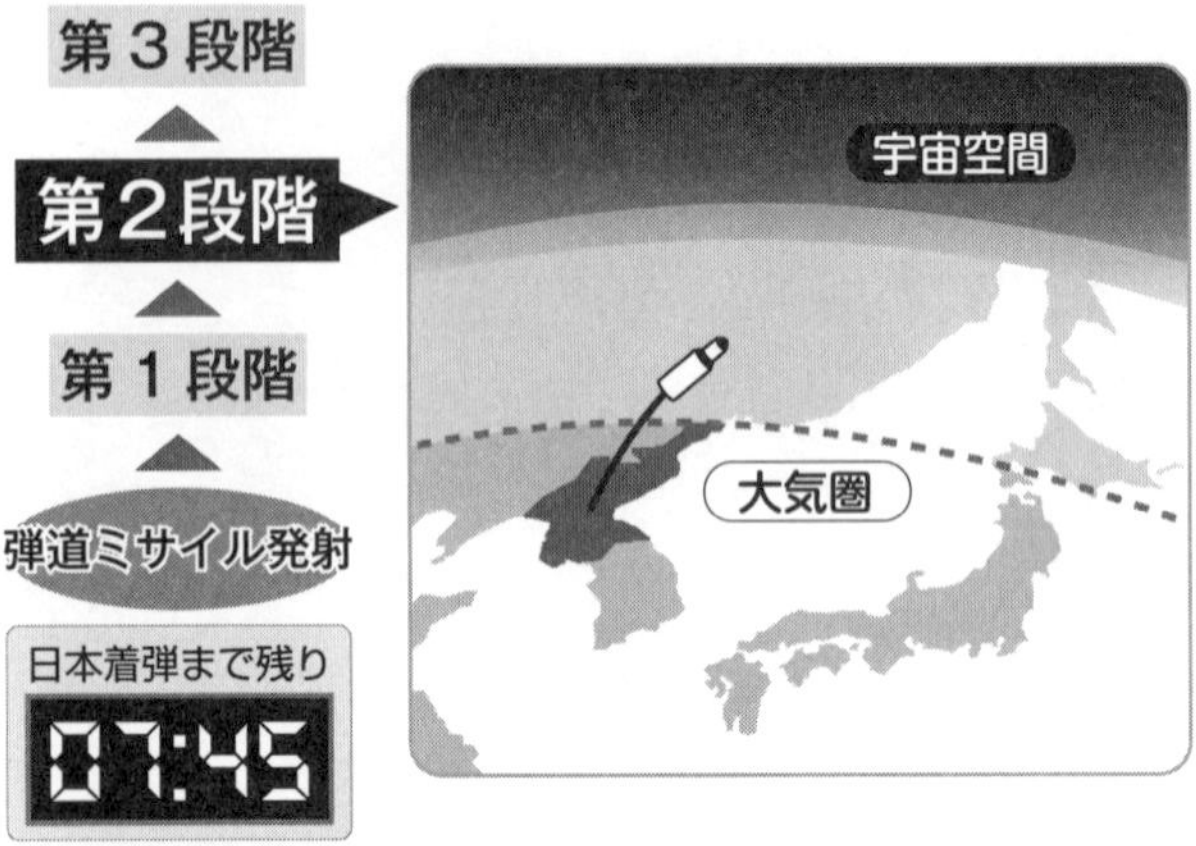

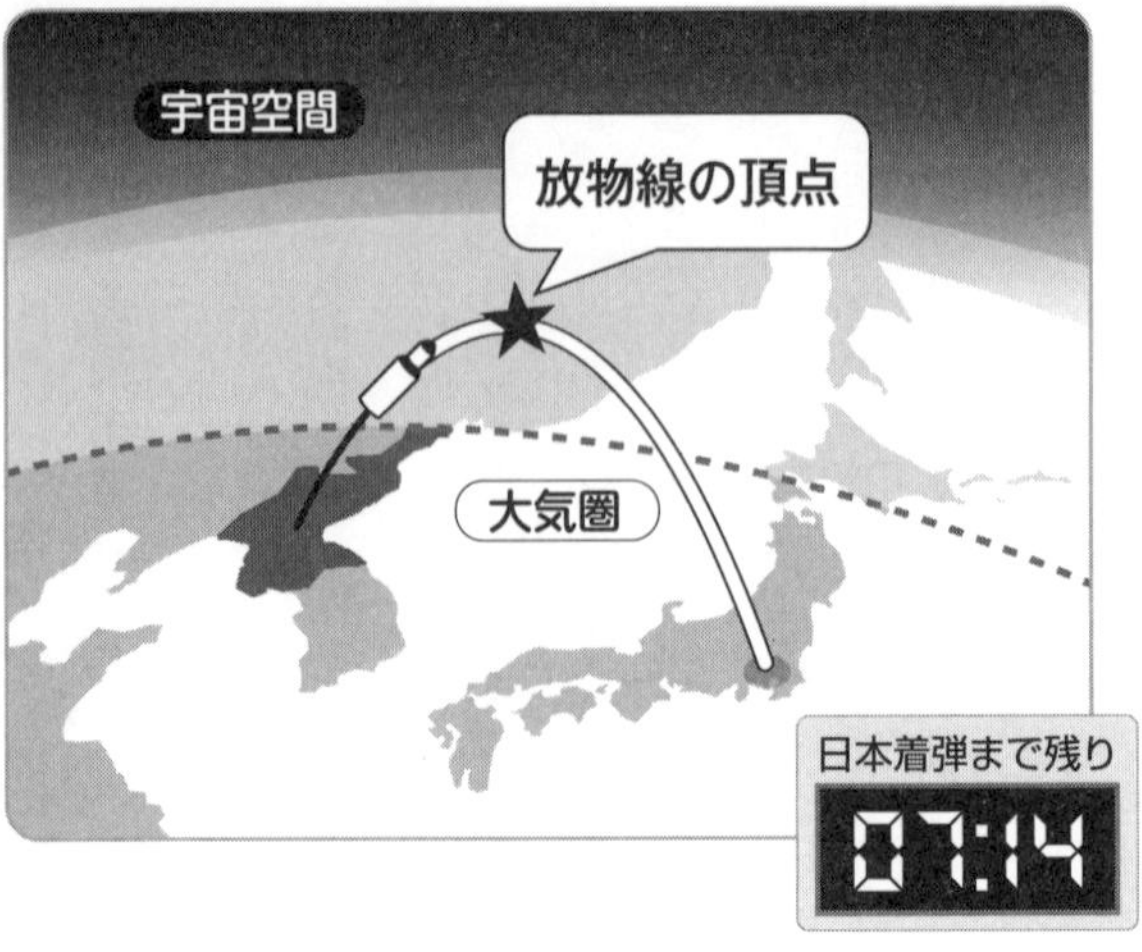

いて飛行することから弾道ミサイルと呼ぶのですが、放物線を描くということは、その頂点前後で速度が遅くなるということです。その場所をタイミングよく迎撃ミサイルで狙うのです。

準備を進めるのは、日本海に展開するイージス艦です。

◉「Jアラート」で国民に避難を呼びかけ――日本着弾まで07：00

現在、発射からおよそ3分。日本に着弾するまで残り7分です。

政府は、このころ初めて、北朝鮮が発射した弾道ミサイルが日本に向かっていることを国民に伝えます。それが全国瞬時警報システム「Jアラート」です。

「Jアラート」は、人工衛星や地上回線を通じて、国民に向けて自動的に緊急情報を伝達するシステムです。着弾する恐れのある地方自治体の防災行政無線や携帯端末から警戒音が鳴り、近くの頑丈な建物や地下などに避難するように国民に呼びかけを行います。

全国瞬時警報システム「Jアラート」

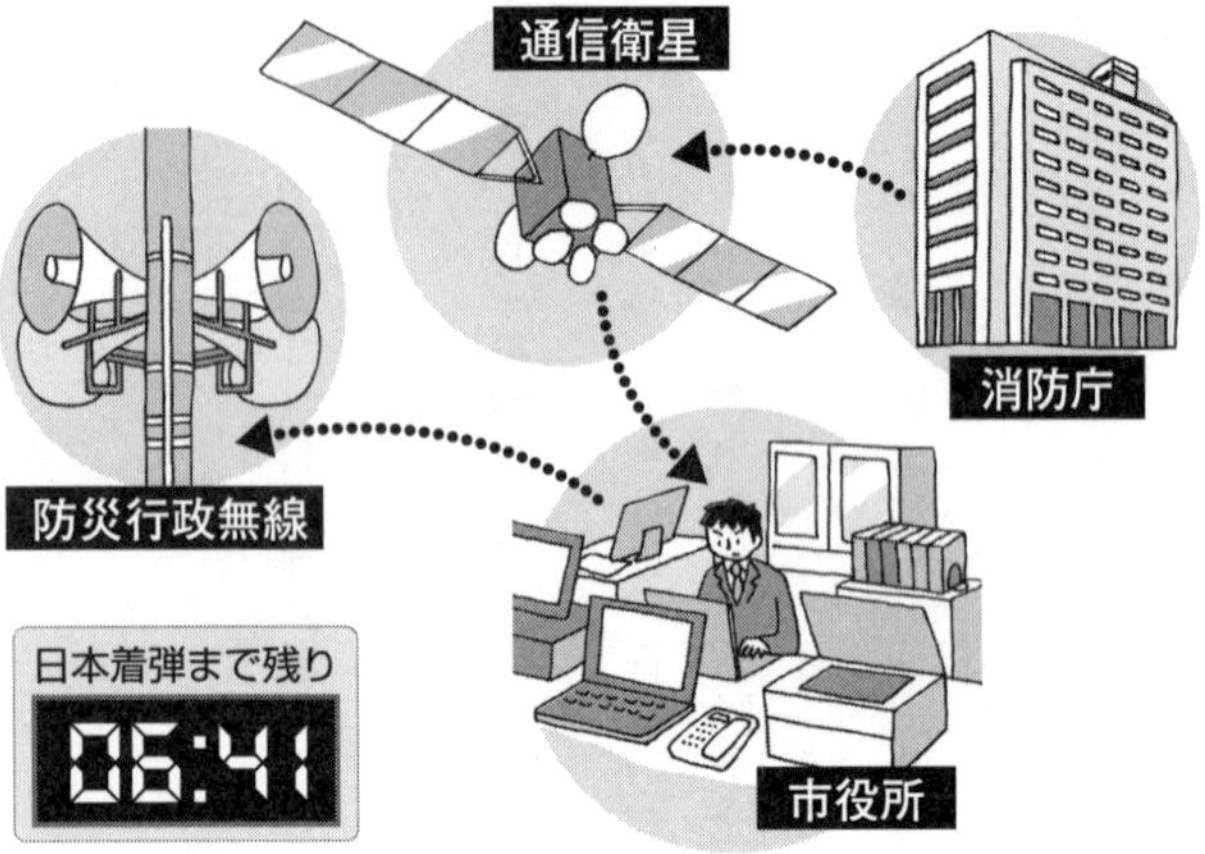

この「Jアラート」を受けて、報道機関はテレビやラジオから警戒を促す放送を始めます。そして公共交通機関、たとえば地下鉄の東京メトロでは、「Jアラート」が発せられた場合、電車を運行停止にすると決められているそうです。

●イージス艦によるミサイル迎撃開始——日本着弾まで06:00

いよいよ宇宙で北朝鮮の弾道ミサイルを迎撃です。日本海に展開する海上自衛隊のイージス艦による弾道ミサイル迎撃が始まります。

発射されたのは、「SM－3ブロック1A」という迎撃ミサイルです。このイージス艦と迎撃ミサイルの特徴は、アメリカの早期警戒衛星の情報をもとに、イージス艦が迎撃ミサイルを、ターゲットである北朝鮮の弾道ミサイルに誘導できることです。

迎撃最大到達高度は約500キロ。「SM－3ブロック1A」は、宇宙空間を飛行する弾道ミサイルを迎撃するためのミサイルだということです。

イージス艦から発射したミサイルが、目標である北朝鮮の弾道ミサイルを迎撃するまで、時間にして約2分かかります。

●「SM－3ブロック1A」が大気圏外に向かう――日本着弾まで05：00

弾道ミサイル発射からおよそ5分。日本着弾まで残り5分です。

この時点で、まだ北朝鮮の弾道ミサイルが日本の領土や領海に落下の可能性があると判断した場合、再度、「Jアラート」の警報システムが、ただちに避難するように呼びかけを行います。

宇宙で弾道ミサイルを迎撃

提供：海上自衛隊

「屋外にいる場合には、ただちに近くの頑丈な建物や地下に避難してください。また、近くに適当な建物などがない場合は、物陰に身を隠すか地面に伏せて頭部を守ってください。屋内にいる場合でも、できるだけ窓から離れて、できれば窓のない部屋に移動してください」

という呼びかけです。

その頃、イージス艦から発射された迎撃ミサイルは、もう少しで大気圏の外に出ようとしています。

迎撃ミサイルは大気圏の外に出ると、北朝鮮の弾道ミサイルにある程度、近づいたあと、熱を感知するセンサーなどを

自衛隊とアメリカ軍が連携して迎撃

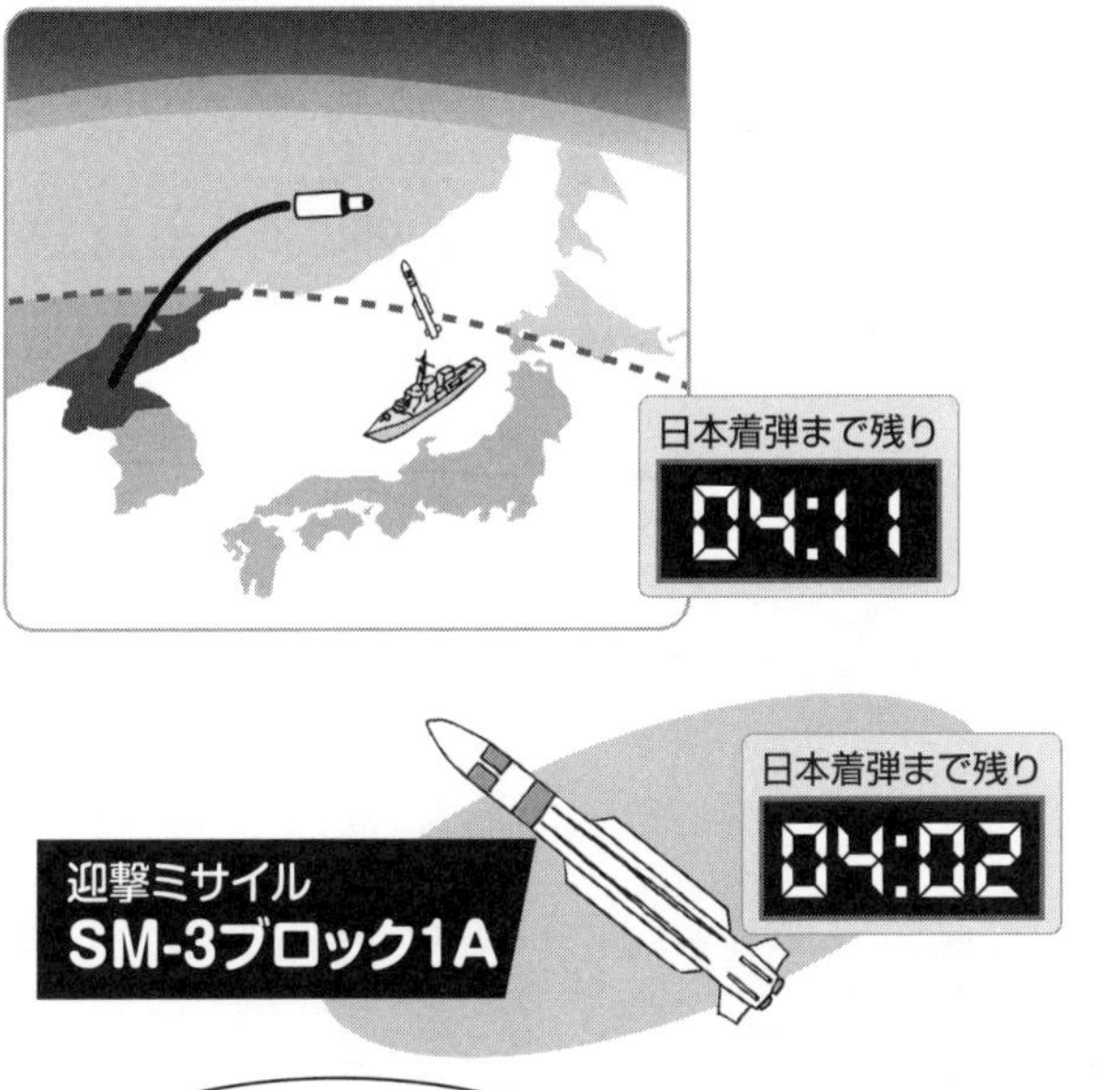

付けた弾頭がロケットモーターを切り離し、自動で軌道修正を行いながら北朝鮮の弾道ミサイルを迎撃します。

実は、確実に弾道ミサイルを迎撃するためには、一つの目標に対して2発のミサイルを立て続けに発射するほうが効果的だといいます。

しかし現在、海上自衛隊のイージス艦1隻から誘導できる「SM－3ブロック1A」は、誘導システムの都合上、1発ずつしか発射できません。2発同時に誘導するのは難しいとされています。そのため、複数の迎撃ミサイルを立て続けに撃つためには、複数のイージス艦が必要になります。

現在、日本海に展開中とみられるアメリカのイージス艦からも迎撃が行われると想定されていて、自衛隊とアメリカ軍が連携して迎撃することになります。

●宇宙空間で撃ち漏らした場合は？――日本着弾まで03：00

日本着弾まで、あと3分になりました。

「SM－3ブロック1A」がミサイル迎撃に成功した場合は破壊措置完了です。しかし、この迎撃で北朝鮮の弾道ミサイルを、万が一撃ち漏らした場合、残り時間は約3分です。私たちはどうしたらいいのでしょうか。

とにかく、建物の中に身を隠し、窓から離れる。屋外にいる場合は、身を伏せて頭を守るようにという指示が出ています。

そうするうちにも、北朝鮮の弾道ミサイルは日本上空にどんどん近づいてきています。この段階が弾道ミサイル防衛の第3段階。自衛隊は次の迎撃に移ります。

破壊措置を実施するのは、航空自衛隊のPAC－3システムと呼ばれる迎撃システムです。

その防衛範囲は約20～30キロ。現在、東京・市谷の防衛省など全国15カ所に配備されています。今回のシミュレーションの場合、北朝鮮の弾道ミサイルの着弾予想地点は首都圏。そのため、迎撃するPAC－3システムが展開できるのは東京・市谷の防衛省ほか、千葉・船橋市の習志野分屯基地、茨城・土浦市の霞ヶ浦分屯基地、埼玉・入間《いるま》市と狭山市にある入間基地、神奈川・横須賀市の武山《たけやま》分屯基地の4カ所です。

自衛隊は次の迎撃に移ります

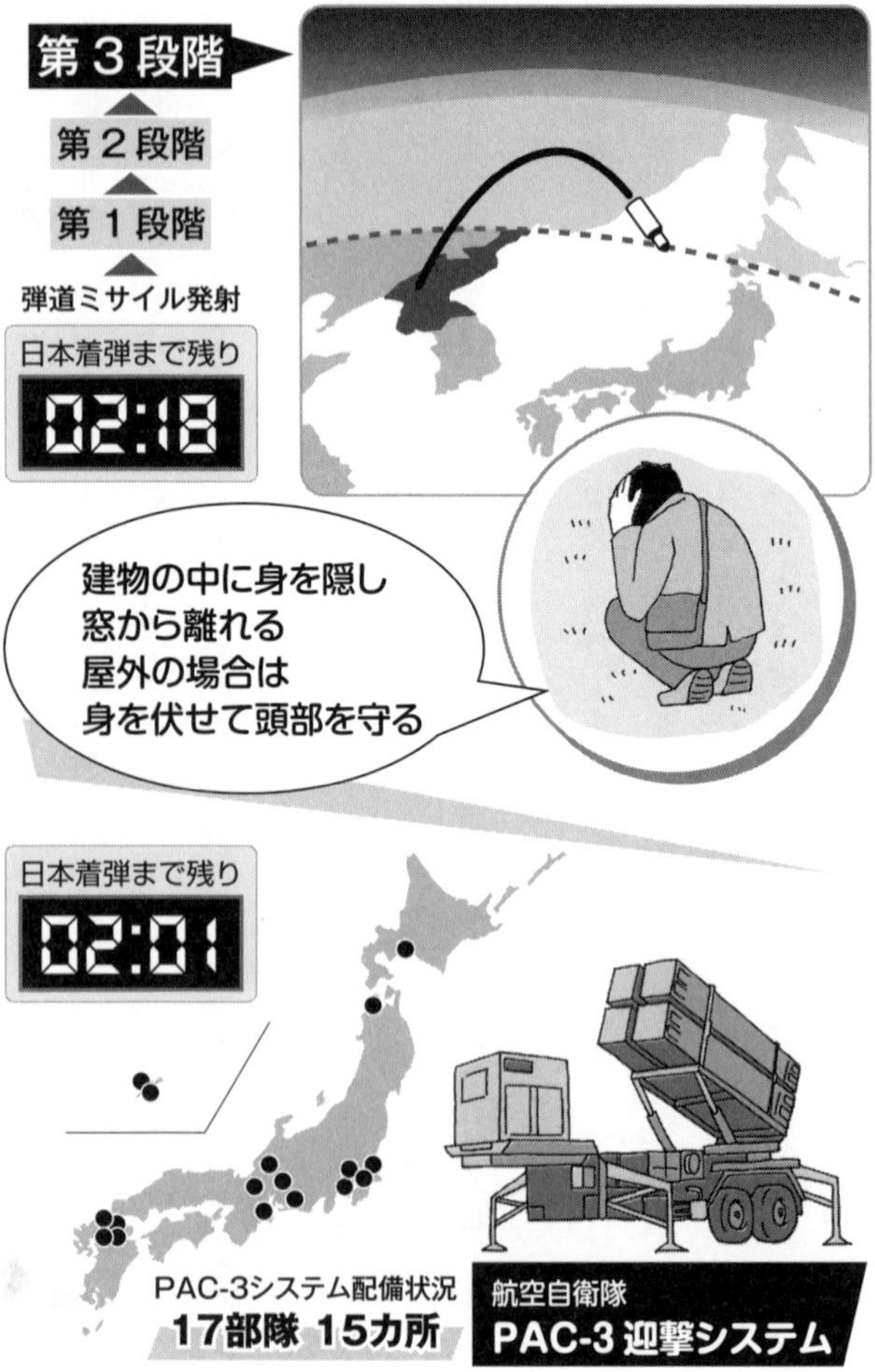

このPAC－3迎撃ミサイルの最大射高は約15キロ。つまり地上から約15キロ上空が最高迎撃地点ということになります。

15キロと言ってもピンと来ないかもしれませんね。旅客機が飛行している高度が約1万メートルです。地上10キロくらいのところを飛んでいることになりますから、地上にいる私たちから見える範囲でミサイル防衛が行われるだろうということです。

●最後の砦は航空自衛隊のPAC－3——日本着弾まで01：00

PAC－3システムでは、弾道ミサイルが大気圏に再突入して、地上に到達するまでのわずかな時間に迎撃することになります。

北朝鮮の弾道ミサイルが大気圏に再突入しました。

ここから地上到達までは、およそ1分。弾道ミサイル迎撃に与えられた時間は数十秒です。

このときの弾道ミサイルのスピードは、およそマッハ10といわれています。マッハ

弾道ミサイル迎撃における最後の砦

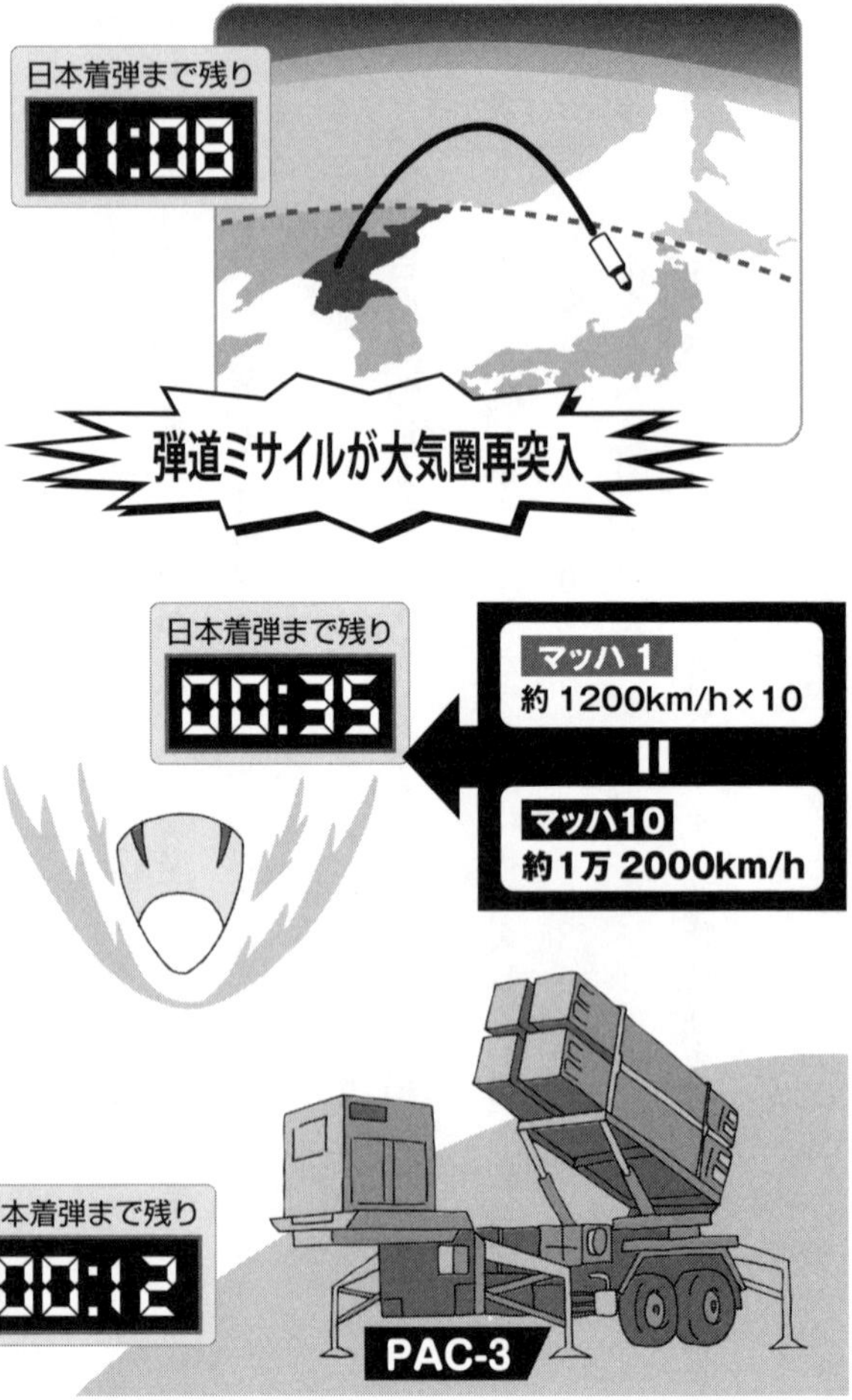

1が音速、音の伝わる速度です。音速は気温など大気の状況によって変わってくるのですが、だいたい時速1200キロですから、マッハ10はその10倍。時速約1万2000キロで落ちてくるわけです。

この第3段階での迎撃は、スピードが速いだけでなく、弾頭だけという非常に小さな目標にピンポイントで当てなくてはいけない。非常に難しい任務になります。

ここで撃ち漏らすことが許されないことから、PAC－3システムは弾道ミサイル迎撃における最後の砦《とりで》といわれています。

カウントダウンが止まりました。日本着弾まで残り3秒。迎撃成功です！

◉迎撃に成功しても地上に被害が出る恐れ

以上は弾道ミサイルの迎撃が成功した場合のシミュレーションですが、PAC－3のシステムで迎撃できたとしても、破壊された弾道ミサイルの破片が地上に落ちてきたりすると、地上での被害が出ることは十分に考えられます。

迎撃成功！

また、万が一にも核が搭載されていたということになると、上空で迎撃して、たとえ核爆発が起きなくても、今度は放射性物質が拡散するという危険性が出てきます。

こうやってみると、ミサイル防衛がいかに大変なのかということがよくわかります。自衛隊はアメリカ軍と連携して、今回のようなシミュレーションの他に、一度に多くの弾道ミサイルが発射された場合はどうなるのか、あるいは、万が一アメリカからミサイル発射情報が入ってこない、もしくは遅れてきたらどうするのか等々、さまざまなケースを想定しているそうです。考えなければいけないことはたくさんあるということです。

◉一番大事なのは撃たせないようにすること

2017年に入ってから、政府と一緒になって各地でミサイルの避難訓練が行われるようになりました。そういう意味では、私たちの緊張感が増していることは確かです。

今の国際情勢を見ると、やはりいざという時に備えることは必要だなと思うのですが、その一方で、もし北朝鮮が日本に対して弾道ミサイルを発射すれば、当然、日米安全保障条約でアメリカの報復を受け、平壌《ピョンヤン》に大量のミサイルが飛んでいって自分たちが全滅してしまうことは北朝鮮もわかっているはずです。

そのように考えれば、「日本を焦土化するぞ」というのは脅《おど》かしなんだということです。しかし、たとえ脅しであっても、日本は日本で準備はしておかなければいけない。そのために今、何をしたらいいのかということを考える必要があります。

そして、一番大事なことは、撃たせてしまってはいけないということです。撃たせないようにする。これが一番大切なことだと思います。

◉池上彰からのラストメッセージ

２０１７年6月、安倍総理大臣は秋の臨時国会に、自衛隊の存在を憲法9条に明記するという憲法改正案を提出して、２０２０年に改正憲法を施行するという方針を示しました。

これについては、自衛隊の存在がはっきりするという声もある一方、これまで戦後70年守ってきた平和憲法が壊れてしまうのではないかと懸念する声も数多くある、これもまた否定できない現実です。

実際に北朝鮮という核兵器を持った国の脅威を目の前にして、自衛隊という存在を改めて私たちが考える必要があるでしょう。

そもそも自衛隊とはどんなものなのか。まずはそのことを知っていただきたい。自衛隊を知った上で、「私たちはこれをどう位置付けるか」ということを考えていただければ幸いです。

著者略歴

池上 彰（いけがみ・あきら）

1950年、長野県松本市生まれ。慶應義塾大学経済学部を卒業後、NHKに記者として入局。さまざまな事件、災害、教育問題、消費者問題などを担当する。1994年4月から11年間にわたり「週刊こどもニュース」のお父さん役として活躍。わかりやすく丁寧な解説に子どもだけでなく大人まで幅広い人気を得る。2005年3月にNHKを退職したのを機に、フリーランスのジャーナリストとしてテレビ、新聞、雑誌、書籍など幅広いメディアで活動。2016年4月から名城大学教授、東京工業大学特命教授など7大学で教える。
おもな著書に『伝える力』シリーズ（PHP新書）、『そうだったのか！ 現代史』他「そうだったのか！」シリーズ（集英社）、『知らないと恥をかく世界の大問題』シリーズ（角川SSC新書）、『池上彰教授の東工大講義』シリーズ（文藝春秋）、『池上彰のニュース　そうだったのか!!』１～４巻、『日本は本当に戦争する国になるのか？』『なぜ、世界から戦争がなくならないのか？』『世界から格差がなくならない本当の理由』（SBクリエイティブ）など、ベストセラー多数。

番組紹介

池上彰緊急スペシャル！

普段何気なく見ているニュース。その裏には、驚くほどの様々な背景や思惑が隠れている。そして、私たちが、今の世界にいだく大きな疑問。タブーなき徹底解説で、池上彰が、世界の“仕組み”を深く、広く、とことんひもとく。

◎フジテレビ系全国ネット
「金曜プレミアム」(金曜よる9時から10時52分)などで、不定期に放送
◎解説：池上 彰
◎進行：高島 彩

■本書は、「金曜プレミアム『池上彰緊急スペシャル！』」（2017年8月4日放送）の内容から構成し、編集・加筆したものです。

SB新書　423

知《し》らないではすまされない自衛隊《じえいたい》の本当《ほんとう》の実力《じつりょく》

2018年2月15日　初版第1刷発行

著　者　池上《いけがみ》　彰《あきら》＋「池上彰緊急《いけがみあきらきんきゅう》スペシャル！」制作《せいさく》チーム

発行者　小川 淳

発行所　SBクリエイティブ株式会社
〒106-0032　東京都港区六本木2-4-5
電話：03-5549-1201（営業部）

協　力　フジテレビジョン

装　幀　長坂勇司（nagasaka design）

組版・本文デザイン　株式会社キャップス

編集協力　伊藤静雄

図版作成　山咲サトル

イラスト　堀江篤史

写真・記事　防衛省・自衛隊
朝日新聞
共同通信
産経新聞
読売新聞

印刷・製本　大日本印刷株式会社

ISBN 978-4-7973-9527-3